网络动画设计
与广告制作

高等院校艺术学门类
"十四五"系列教材

□ 主　编　刘　璞　胡瑞年　童德智
□ 副主编　陈艳月　庾　坤　袁江洁　李红冉　居华倩

U0172115

A　R　T　D　E　S　I　G　N

华中科技大学出版社
http://www.hustp.com
中国·武汉

内 容 简 介

本书注重引导和启发读者进行创意设计,将软件技术和商业设计有机地融为一体,讲述了网络动画、网络广告、移动端动画广告的创意设计与制作。全书共分六章:第一章网络动画设计概述;第二章网络卡通造型设计;第三章网络动态贺卡设计;第四章网络动画短片设计;第五章网络动画广告设计;第六章移动端动画广告设计。通过学习,读者将由浅入深、由易到难、举一反三地逐步内化网络动画设计与广告制作的各项技能,提升设计能力,真正实现精彩网络动画的创意设计。

课程资源

图书在版编目(CIP)数据

网络动画设计与广告制作/刘璞,胡瑞年,童德智主编.—武汉:华中科技大学出版社,2022.1(2023.12重印)
ISBN 978-7-5680-7728-6

Ⅰ.①网⋯ Ⅱ.①刘⋯ ②胡⋯ ③童⋯ Ⅲ.①动画制作软件 ②网络广告-广告设计 Ⅳ.①TP317.48 ②F713.852

中国版本图书馆 CIP 数据核字(2021)第 252973 号

网络动画设计与广告制作　　　　　　　　　　　　　刘　璞　胡瑞年　童德智　主编
Wangluo Donghua Sheji yu Guanggao Zhizuo

策划编辑:彭中军
责任编辑:段亚萍
封面设计:优　优
责任监印:朱　玢
出版发行:华中科技大学出版社(中国·武汉)　　　电话:(027)81321913
　　　　　武汉市东湖新技术开发区华工科技园　　　邮编:430223
录　　排:武汉创易图文工作室
印　　刷:武汉市洪林印务有限公司
开　　本:880 mm×1230 mm　1/16
印　　张:7.5
字　　数:243 千字
版　　次:2023 年 12 月第 1 版第 2 次印刷
定　　价:49.00 元

前言
Preface

随着网络技术与数字互动娱乐的发展,网络视觉设计成为新型的设计行业,呈现出了崭新的面貌与活力。同时,手机和互联网成了数字媒体的平台代表,展现出与传统媒体不同的特性,借助这个平台,网络动画与广告同样得到了飞速的发展。Animate软件应用于网络中的动态贺卡、动画短片、动画广告、移动端广告等各类设计。网络动画设计与广告制作成了各大高校动画、广告、视觉传达、数字媒体艺术等专业的必修课程。

本书内容丰富、结构清晰、实例典型、讲解详尽,实用性强,注重引导和启发读者进行创意设计,将技能技术和商业设计有机地融为一体,使读者逐步掌握网络动画设计与广告制作的流程和方法,从而实现从基础技能到专业设计的提升。本书的案例来源于真实设计项目(本书为与深圳纵贯线教育科技有限公司武汉分公司、武汉光魔鱼数字科技有限公司合作开发的教材),通过对本书各章的学习,读者将由浅入深、由易到难、举一反三地逐步内化网络动画设计与广告制作的各项技能,提升设计能力,真正实现精彩网络动画的创意设计。

本书适合作为高等院校视觉传达专业、广告专业、数字媒体专业、动漫专业、游戏专业以及培训机构相关课程的教材使用,也可供网络多媒体从业人员和爱好者学习使用。

衷心感谢深圳纵贯线教育科技有限公司武汉分公司的设计总监童德智,武昌理工学院的胡瑞年老师、庾坤老师,武汉东湖学院的袁江洁老师、李红冉老师,武汉信息传播职业技术学院的陈艳月老师,佛山职业技术学院的居华倩老师参与本书的编写。同时,感谢武汉东湖学院传媒与艺术设计学院院长方兴教授、教学院长刘慧教授对本书编写的关心和支持。感谢华中科技大学出版社彭中军编辑对本书的策划。在此向他们表示诚挚的谢意!

本书在编写的过程中参阅了部分专家、学者的作品,由于诸多原因未能一一列明,敬请谅解,在此表示感谢!

武汉东湖学院   刘璞

目录
Contents

Wangluo Donghua Sheji yu Guanggao Zhizuo

第一章
网络动画设计概述

> **任务概述**

通过对本章的学习,了解网络动画的设计原则与设计表现,了解设计工具 Animate 的特点,掌握 Animate 的基本操作,从而获得对网络动画设计的初步认识。

> **能力目标**

对使用 Animate 进行网络动画设计有正确的认识和定位,为后续的网络动画设计与广告制作奠定坚实的理论基础。

> **知识目标**

了解设计原则与设计表现,了解 Animate 的特点,掌握 Animate 网络动画设计的形式与分类,并能表述自己的观点。

> **素质目标**

具备自学能力,对网络动画设计进行多角度了解。

第一节
网络动画设计知识

一、设计原则

基于网络传播的动画设计与广告制作主要遵循人性化原则、时间性原则和个性化原则。

说教式的动画片已经吸引不了网络受众的目光,创作者只有将真切的情感融入到动画中,才能最终打动受众。在网络上深受欢迎的国内的"小破孩"、韩国《流浪狗》的故事都是取材于我们生活中的平常小事,片中的主角也不是传统意义上好孩子的范本,它们有懒惰、贪小便宜、要小聪明等缺点,但也不乏人性的闪光点。人们从它们身上看到了真实的自己,在笑声中得到快乐和启迪。

时间性原则是指设计的流行性。基于互联网络的动画具有流行文化的特点,流行周期较短。如果网络动画制作者对时尚热点具有足够的敏感度,能在适当时机推出相关题材的作品,则作品往往比较容易获得高点击率,得到广泛传播。

个性化是创作者独一无二的印记,与创作者的个性、对世界的感知、价值观的取向密切相关。个性化是创意多样性的需要,没有个性化就没有多样化,而没有多样化的作品就会因为单一而变得僵化。在数字时代,CG 制作技术飞速发展,只要掌握相关的软件就可以进行创作,传统的艺术观念受到了猛烈的冲击,艺术在逐渐生活化、游戏化。因为技术是人人都可以获得的,个性和风格就成为判断孰优孰劣的标准。

二、设计表现

（一）多样化的创作题材

网络动画题材的选择具有更加广泛、更加自由的设计空间。网络上数量最多的是幽默、搞笑题材的动画作品。网络的隐蔽性、自由性，令作品敢于突破现实的禁忌，命题越是严肃就越是显得滑稽可笑。《大话西游》《大话三国》《大话李白》等就是这种类型的代表。

题材的时效性是网络动画的另一突出特点。网络动画短小精悍、制作周期短，因此制作者能对时尚热点、社会新闻做出迅捷反应，制作出带有自己观点的作品。如 2003 年 4 月"非典"流行时田易新做的公益广告《七种武器》。

网络动画也能承载严肃题材和现实题材，表达作者对于生命、亲情、爱情、社会现实的思考。如卜桦的《猫》《无常》《木偶戏》，蒋建秋的《新长征路上的摇滚》等。互联网络的自由性促进了题材的多样化，反映了网络动画从初期单纯注重技术性的探索向技术与艺术、思想性并重的转变。

（二）多元化的设计风格

卡通风格在网络动画中较为普遍，田易新的"小破孩"就是采用这种风格。抽象化、拟人化风格的作品是另一种极具表现力的形式，作品《人生路》仅用几根线条就准确地勾勒出人物的喜、怒、哀、乐，用夸张的动作表现作者对漫漫人生路的看法。唯美风格的动画作品也很多，画面纯美、画风细腻，题材主要是关于梦境、少男少女对爱情的憧憬。艺术风格的动画短片依靠画面的视觉效果来感染人。多元化的网络动画不仅符合多元化的审美取向，也构筑了异彩纷呈的网络动画图景。

（三）直观的表达方式

动画能够将抽象的东西变得具体，是人类想象力和创造力结合的产物。在网络动画设计中，融合动感鲜明的形象和节奏，更加容易吸引大众的注意力，使大众能够快速掌握广告信息，同时也让作品以和谐可亲的形象呈现在眼前，得到社会公众的普遍认可。网络动画将内容和形式完美地结合在一起，充分表现出动画的新鲜感和美感。应注意的是，在设计广告中，新鲜感是其特别之处，采用独特新鲜的方式大力宣传和推广产品，是最直观的表达方式。

（四）突出的交互性

交互性是互联网络有别于其他传统媒体的特征，也是它的最大优势。传统媒体如电视、报纸、广播是一种强势的大众媒体，它们所传播的信息是单向流动的，受众只能被动地接受，没有反馈的路径和条件。互联网络的交互性改变了信息流动的方向，信息不仅可以双向流动，还可以延展为多向。网络的互动性本质，决定了网络动画艺术的本质。

第二节
网络动画设计软件

Animate 是优秀网络动画设计软件之一，从简单的动画效果到动画广告、动态贺卡、游戏、动态网页制作，Animate 的应用领域日趋广泛，以其便捷的操作和不断升级的功能引领着网络动画的发展。

一、Animate 简介

Animate 更名之前是 Flash,在 2015 年,Adobe 宣布 Flash Professional 更名为 Animate CC,如图 1-1 所示。在支持 Flash SWF 文件的基础上,加入了对 HTML5 的支持。这款软件最早是美国 Macromedia 公司推出的网络媒体交互工具,具有强大的多媒体编辑功能,支持动画、声音及交互功能。用它制作的动画不但流畅生动、画面精美,而且对制作者的要求不高,简单易学,因此在动画制作领域受到广大用户的青睐,并占据了动画制作的主流地位。

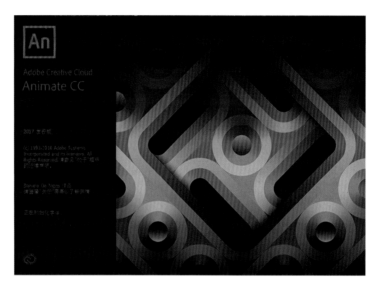

图 1-1 Animate CC

二、Animate 的特点

Animate 简单易学,操作方便,在互联网上得到广泛的应用,它具有以下几个特点。

Animate 的图像质量高,因为它的图形系统是基于矢量的,采用了矢量技术,矢量图是采用数学方式描述绘制在屏幕上的图形,即使多倍放大矢量图,也只是改变了数学式里的某些数值,图像都不会失真,如图 1-2 和图 1-3 所示。

图 1-2 原图　　　　　图 1-3 放大后的图形

Animate 有极其灵巧的图形绘制功能,能导入专业级绘图工具绘制的矢量图形,并产生翻转、拉伸、擦除、倾斜等效果。它能非常容易地创建物体的补间动画,其效果完全由 Animate 自动生成,无须人为地在两个动画对象之间插入关键帧。

Animate 支持对媒体元素的编辑,可以导入点阵图、声音和视频元素并对其进行编辑。

Animate 具有强大的交互性,这一特性可以让动画的欣赏者参与到动画当中。它使用 ActionScript 脚本语言给网络动画设计创造了无限的创意空间,可以制作互动课件、互动游戏以及功能强大的电子商务网站。

Animate 还具有针对 HTML5、移动应用、桌面应用程序和 Flash Player 等的输出选项功能。

三、Animate 的应用领域

Animate 可跨平台操作,具有强大的多媒体与交互功能,因此在互联网中得到了广泛的推广与应用。在现阶段,Animate 的应用主要有以下几个方面。

1. 网络贺卡

利用 Animate 制作的电子贺卡,不但图文并茂,而且可以伴有背景音乐,并且能边下载边播放,大大节省了下载时间和所占用的宽带,因此迅速在网上火爆起来,是目前网络中比较流行的一种祝福方式,如图 1-4 和图 1-5 所示。

图 1-4　电子贺卡《四季》　　　　　　　　　　　图 1-5　卡秀

2. 网络动画短片

网络动画短片是当前最火爆,也是 Animate 爱好者最热衷的一个应用领域,利用 Animate 可以制作各种风格的动画短片。在国内相继涌现出了许多出色的 Animate 动画短片作品,例如著名的网络搞笑动画《大话三国》(见图 1-6)、田易新的卡通风格作品"小破孩"(见图 1-7)。

3. 教学课件

因为 Animate 操作简单,输出文件体积小,而且交互性很强,非常有利于教学互动,在进行实验演示或多媒体教学时,Animate 动画被广泛地应用到其中,如图 1-8 所示。

图 1-6　《大话三国》

图 1-7　"小破孩"

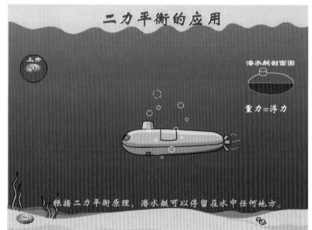

图 1-8　课件设计

4. 交互相册

或许你见到过用 PowerPoint 或 Authorware 制作的电子相册,而使用 Animate 的交互特性来展示相片,能实现很炫的动画效果,如图 1-9 所示。

图 1-9　交互相册

5. 网络游戏

利用 Animate 中的 ActionScript 脚本语言功能,可以制作出有趣的"迷你"小游戏。一些公司把网络广告与网络游戏结合起来,让受众参与其中,大大增强广告效果。使用 Animate 制作的网络游戏如图 1-10 所示。

图 1-10　网络游戏

6. 网络广告

很多大型门户网站都使用 Animate 动画广告,因为它可以在网络上发布,也可以存为视频格式在电视上播放,一次制作,多平台发布。网络上常见的产品展示广告如图 1-11 和图 1-12 所示。

图 1-11　箱包广告　　　　　　　　　　　　　图 1-12　汽车广告

7. 网站片头

为了达到一定的视觉冲击力,企业往往在浏览者进入主页之前首先播放一段精美的片头动画,这可以大大提升网站的含金量,能在访问者心中建立良好印象。或者整个网站都用 Animate 来实现,这样的网站交互性很强,十分个性化,如图 1-13 所示。

其实 Animate 还有很多应用上面没有提到,作为一种功能强大的网络动画开发工具,Animate 必将得到越来越广泛的应用。

图 1-13　Animate 网站

四、Animate 的操作环境

操作环境是指进入软件后的整个操作界面,包括菜单、面板以及各种辅助工具等,学习软件的第一步就是要熟悉它的操作环境。启动 Animate,进入主界面,这个界面布局更加合理、设计更加人性化、功能上有很大改进,操作和使用也比以前方便。Animate CC 不但简化了编辑过程,还为用户提供了更大的自由发挥的空间。典型界面如图 1-14 所示。

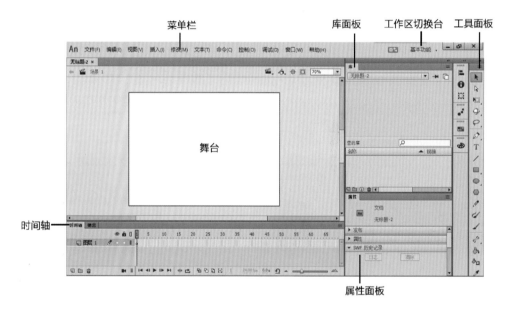

图 1-14　Animate CC 界面

软件默认的用户界面是"深"色调,可调整为"浅"色调:执行"编辑"→"首选参数"命令,打开"首选参数"对话框,在"常规"选项卡的"用户界面"选择"浅",如图 1-15 所示。

(一)菜单栏

Animate 的菜单栏位于标题栏的下方,提供了几乎所有的应用命令。菜单栏中共有 11 个菜单,分别为"文件"、"编辑"、"视图"、"插入"、"修改"、"文本"、"命令"、"控制"、"调试"、"窗口"和"帮助",每一个菜单中都包括若干二级菜单命令,如图 1-16 所示。

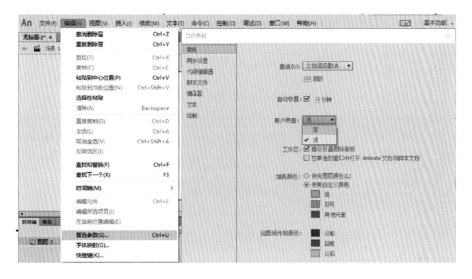

图 1-15　调整用户界面的色调

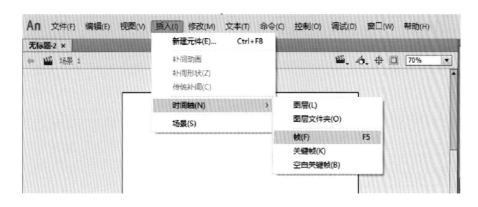

图 1-16　菜单栏

(二)时间轴

时间轴用于组织和控制文档内容在一定时间内播放的图层数和帧数。图层就像堆叠在一起的多张幻灯胶片一样,每个层中都排放着自己的对象。好比小时候看的卡通影片,这些卡通影片,都是事先绘制好一帧一帧的连续动作的图片,然后让它们连续播放,利用人眼睛的"视觉暂留"特性,在大脑中便形成了动画效果。Animate 动画的制作原理也一样,它是把绘制出来的对象放到一格格的帧中,然后再来播放。时间轴功能介绍如图 1-17 所示。

(三)工具箱

工具箱位于界面的右侧,包括绘图工具、查看工具、颜色工具及选项工具,这里集中了一些编辑过程中常用的命令,如图形的绘制、修改、移动、缩放等操作,都可以在这里找到合适的工具来完成,从而大大提高了编辑工作的效率。工具箱分为如下 4 个部分:

(1)绘图部分,包括绘画、涂色和选择工具等。

(2)查看部分,包括在工作区窗口内进行缩放和移动操作的工具。

(3)颜色部分,包括用于笔触颜色和填充颜色的按钮。

(4)选项部分,显示了选定工具的功能设置按钮,这些按钮会影响工具的涂色或编辑操作,选择的工具不同,选项也自然不同。比如,选中刷子工具后,选项中可供选择的有刷子的大小、形状等。

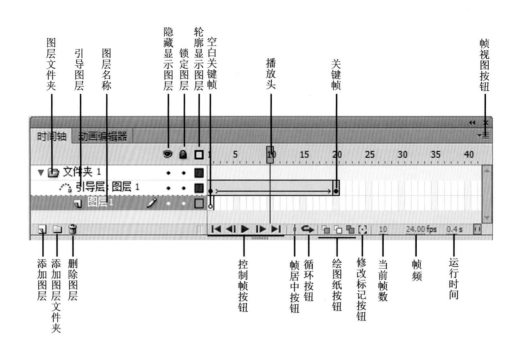

图 1-17　时间轴面板

相关工具的使用方法会在后续章节详细讲解。

实 训 一

实训名称：熟悉 Animate 的操作环境。

实训目的：通过对 Animate 操作界面的学习，对 Animate 的操作环境有一个初步印象。

实训内容：用自己的语言表述 Animate 界面中每一部分的功能与作用，并编写成文字稿交老师点评。

实训要求：Animate 主界面中各板块之间是相互联系的，必须将其作为一个整体进行表述。

实训步骤：个人分析，编写成文字报告。

实训向导：在表述时，与其他熟悉的软件工具进行对比，比如 Photoshop，则更具有说服力。

Wangluo Donghua Sheji yu Guanggao Zhizuo

第二章

网络卡通造型设计

> **任务概述**

通过对卡通造型的设计制作,了解 Animate 绘图的要点,掌握 Animate 绘图工具的运用技巧,并学会图层与帧、元件、实例、库的创建与编辑。

> **能力目标**

对 Animate 绘制卡通造型的技巧有一定的掌握,为后续的 Animate 动态设计奠定基础。

> **知识目标**

了解 Animate 卡通造型设计的要点,掌握 Animate 绘图技巧与方法,学会灵活使用绘图工具来绘制卡通造型。

> **素质目标**

具备独立设计卡通造型的能力。

第一节
网络卡通造型设计概述

造型设计是动画创建的基础,优秀的动画作品离不开生动的背景和惟妙惟肖的角色。Animate 的特点特别适用于绘制简洁概括的卡通造型,如果想要绘制精彩的卡通造型,不仅要学会绘图工具的使用以及图形的编辑,更重要的是学会灵活运用各种工具。

一、造型设计绘图工具

Animate 界面最右边是工具面板,包括了 Animate 所有绘图工具和选择工具。绘图工具箱包含绘图和选取工具,如图 2-1 所示。在 Animate 中,不仅可以绘制线条、椭圆及矩形等基本图形,设置其笔触的样式,还可以使用颜色填充工具对已绘制的图形进行颜色填充或调整。

二、矢量图与位图

Animate 是一款矢量动画软件,必须先了解一下矢量图像和位图图像的区别。

(1)位图又称点阵图像,是由许多的点(像素)组成的,位图的显示质量与分辨率有关,位图图像放大后则变模糊,如图 2-2 所示。

(2)矢量图又称向量图像,是以数学的向量方式来记录图像,包括线条的起止位置、线型等,矢量图与分辨率无关,矢量图放大后始终保持清晰,如图 2-3 所示。

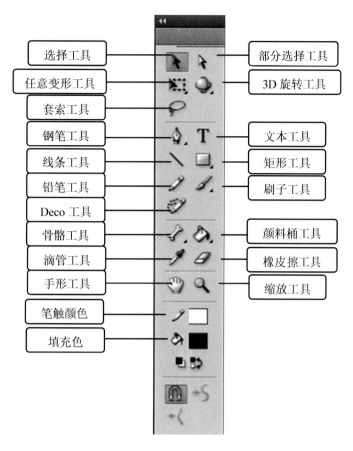

图 2-1　Animate 工具面板

图 2-2　位图图像

图 2-3　矢量图形

第二节
网络卡通造型设计实例

一、案例分析

本例是绘制卡通造型组合,由卡通动物造型、卡通花圃、卡通背景组成,在绘制的过程中既要把握造型的整体感,也要注重画面构图、色彩搭配。制作流程分为三步:先绘制本例的卡通动物,接着绘制花圃,最后绘制背景,注意画面层次的变化,如图 2-4 所示。

图 2-4　卡通造型设计实例效果演示

二、操作步骤

(1)执行"文件"→"新建"命令,打开"新建文档"对话框,如图 2-5 所示。选择"ActionScript 3.0",单击"确定"按钮,按"Ctrl+S"组合键将文件进行保存,命名为"卡通造型"。

(2)在舞台中单击鼠标右键选择"文档",打开"文档设置"对话框,将尺寸设置为宽 800 像素、高 600 像素,其他选项均使用默认,如图 2-6 所示。

图 2-5　"新建文档"对话框　　　　　　　　图 2-6　尺寸设置

(3)将"图层 1"重命名为"地面",选择工具箱中的"画笔工具"，再对"画笔模式"、"画笔大小"、"画笔形状"进行设置,画笔模式的五个不同的选项如图 2-7 所示。

(4)"画笔工具"的属性设置好后,在舞台中绘制浅绿色(♯EFFFD9)图形,如图 2-8 所示。

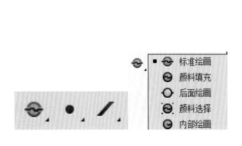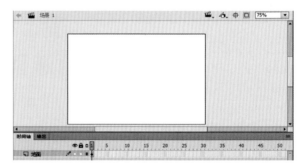

图 2-7　画笔工具的设置　　　　　　　　图 2-8　绘制草地

(5)接着执行"窗口"→"颜色"命令,打开"颜色"面板,设置画笔颜色为浅绿色(♯CCFF99),如图 2-9 所示,接着在舞台中绘制如图 2-10 所示的图形。

图 2-9　选择颜色

图 2-10　绘制草地层次

(6)将图层"地面"隐藏,新建名为"动物"的图层,如图 2-11 所示,接着在舞台中绘制动物的轮廓线。单击工具箱中的"钢笔工具" ,在舞台中绘制如图 2-12 所示的线条,先绘制长线条,再绘制短线条。

图 2-11　新建图层"动物"

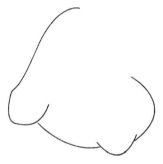

图 2-12　绘制动物的轮廓线

提示:使用"钢笔工具" 在舞台内进行单击可产生一个节点,连续单击可以使线条组成几何图形。在角色造型的绘制中,"钢笔工具" 有很重要的作用。

(7)为了进一步使线条变得圆润平滑,单击工具箱中的"部分选择工具" ,双击舞台内的线条,对节点进行调节,如图 2-13 所示。

(8)调整之后的线条效果如图 2-14 所示。接下来绘制动物的头发,单击工具箱中的"线条工具" ,在舞台内绘制如图 2-15 所示的线条。单击工具箱中的"选择工具" 对舞台内的线条进行拖放,将其修改为曲线,如图 2-16 所示。

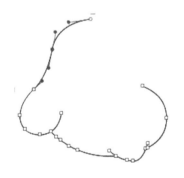

图 2-13　调整轮廓线

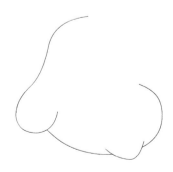

图 2-14　调整后效果

15

图 2-15 绘制直线   图 2-16 修改为曲线

提示:将"选择工具" 移至直线中间的位置,可以将直线拖放为曲线;将"选择工具" 移至线的两端拖动,可以改变端点的位置。

(9)用同样的方法使用工具箱中的"线条工具" 配合"选择工具" 绘制动物的眉毛和额头,如图 2-17 所示。

(10)单击工具箱中的"椭圆工具" 按钮,在工具栏的选项中设置笔触颜色为"黑色" ■,填充色为"无" ,如图 2-18 所示。接着来绘制动物的眼睛,在舞台绘制两个有重叠部分的椭圆,并删除重叠部分的线条,接着再画两个小圆形,单击工具箱中的"颜料桶工具" ,将小圆形填充为黑色,如图 2-19 所示。使用"线条工具" 和"部分选择工具" 绘制眼睛下方的线,如图 2-20 所示。

图 2-17 绘制眉毛和额头   图 2-18 无填充设置

图 2-19 填充黑色   图 2-20 绘制线条

(11)同样的方法,用"钢笔工具" 配合"部分选择工具" 绘制动物的身体部分,如图 2-21 所示。

(12)单击"颜料桶工具" ,移动鼠标到刚绘制的轮廓线内,单击鼠标左键给卡通动物填充颜色,如图 2-22 所示。在填充前应确定线条轮廓完全封闭,因为颜料桶工具在默认情况下只对完全封闭的线条进行填充。

(13)单击工具箱中的"线条工具" 在舞台内绘制表现动物暗部的轮廓线,接着使用"选择工具" 对舞台内的线条进行拖放,效果如图 2-23 所示。

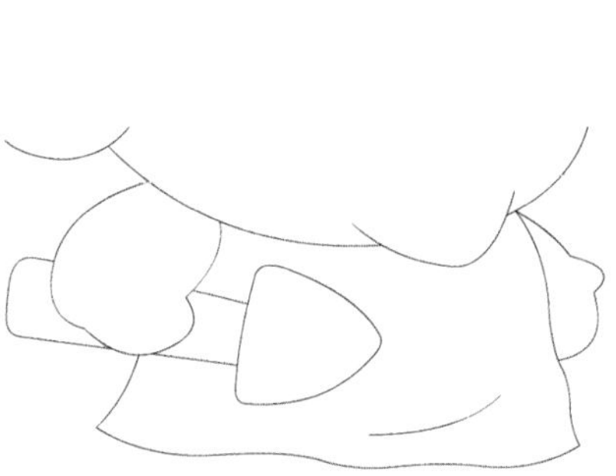

图 2-21　绘制身体部分

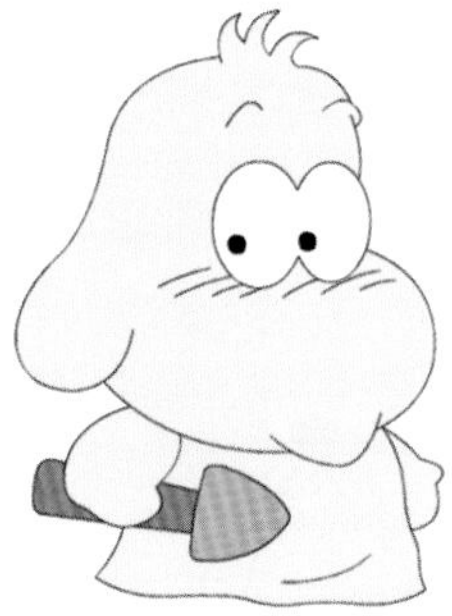

图 2-22　填充颜色

(14)单击“颜料桶工具”，在刚绘制的轮廓线内，单击鼠标左键给卡通动物填充深黄色(＃FFD611)，单击“选择工具”选择刚绘制的轮廓线，按键盘上的“Delete”键，将选中的部分删除，如图 2-24 所示。

(15)为了使所绘图形更有层次感和立体感，继续用“线条工具”配合“选择工具”绘制高光部分，并按键盘上的“Delete”键，将轮廓线删除，效果如图 2-25 所示。

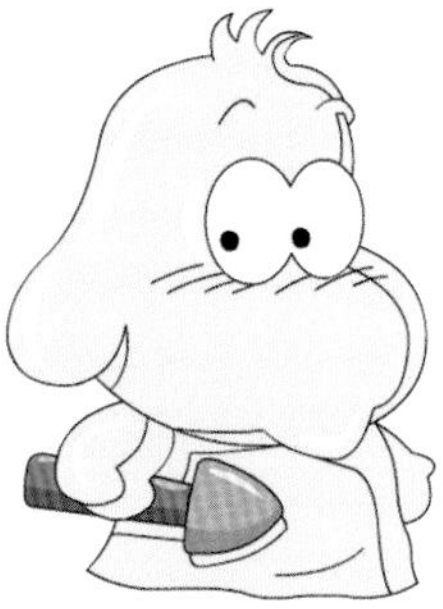

图 2-23　勾画阴影部分轮廓线

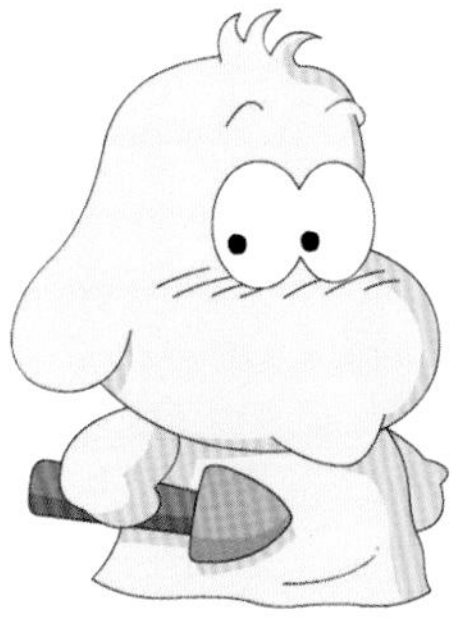

图 2-24　填充阴影部分色彩

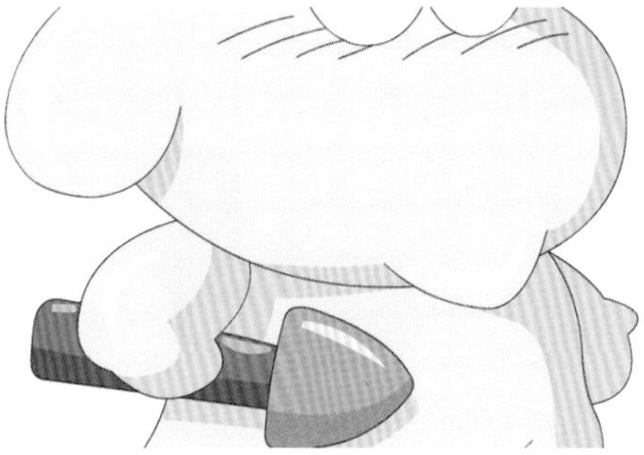

图 2-25　绘制高光部分

(16)新建名为“花”的图层，如图 2-26 所示。使用“钢笔工具”和“部分选择工具”绘制花朵的轮廓线，使用“线条工具”和“选择工具”绘制枝干部分的轮廓线，如图 2-27 所示。使用相同的方法绘制花的暗部与高光部分的轮廓线，并填充颜色，如图 2-28 所示。

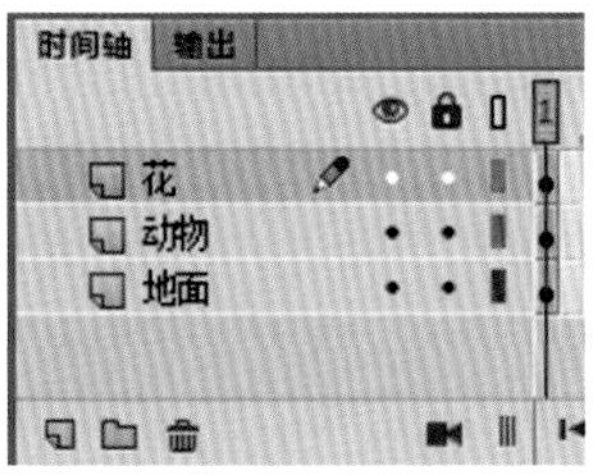

图 2-26　新建图层“花”

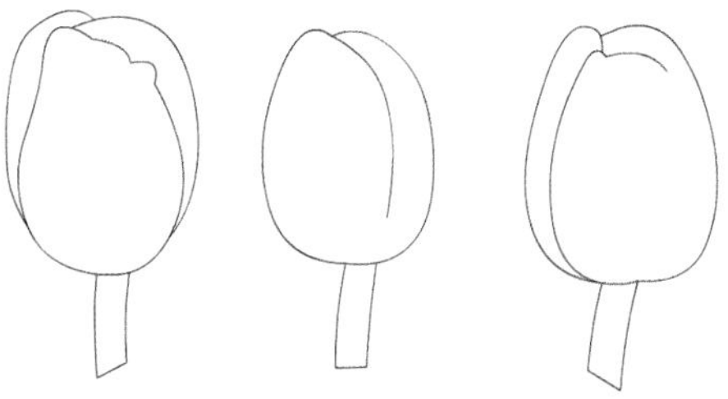

图 2-27　绘制花朵轮廓线

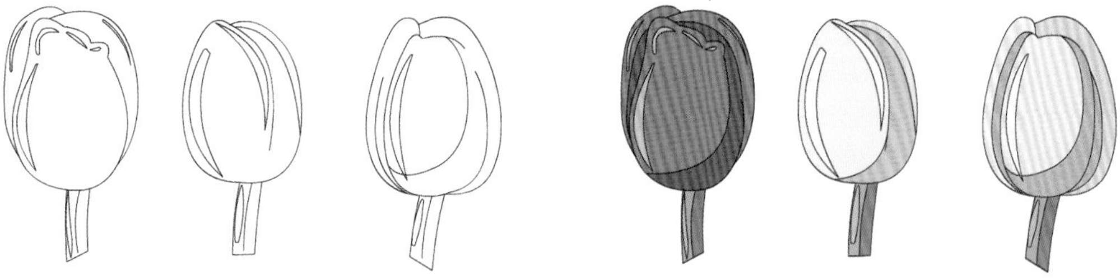

图 2-28　填充花朵的色彩

提示:连续双击左键,可以同时选择更多的轮廓线。

(17)删除花朵暗部与高光部分的轮廓线,然后新建名为"栅栏"的图层,使用"线条工具"☑配合"选择工具"☑绘制栅栏及其暗部、高光部分的轮廓线,如图 2-29 所示。使用"颜料桶工具"☑进行不同颜色的填充,然后删除栅栏暗部与高光部分的轮廓线,如图 2-30 所示。

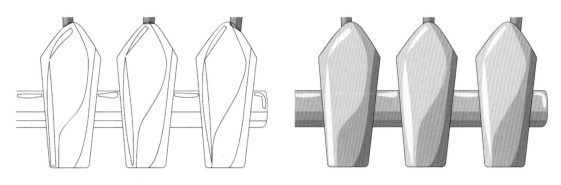

图 2-29　绘制栅栏的轮廓线　　　　　　　　图 2-30　填充栅栏的色彩

(18)主体卡通造型如图 2-31 所示。

图 2-31　主体造型

(19)接下来进行卡通背景的绘制。使用"任意变形工具"☑将绘制完成的造型进行位置调整、缩放,整体移至画面的左下方,同时调整地面的颜色,如图 2-32 所示。

图 2-32　调整主体造型

(20)将"花"、"动物"、"地面"图层隐藏,新建名为"中景"的图层,如图 2-33 所示。

(21)单击工具栏的"铅笔工具"☑按钮,选择模式为"平滑",在舞台中绘制红色线条,如图 2-34 所示。
单击"线条工具"☑在舞台中绘制直线,确保线条轮廓处于闭合状态,以方便颜色填充,如图 2-35 所示。

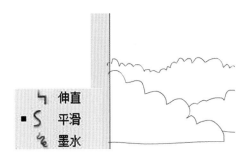

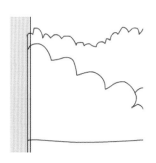

图 2-33　新建图层"中景"　　　　图 2-34　绘制铅笔线条　　　　图 2-35　绘制直线

(22)注意线与线之间的连接不能有空隙,如图 2-36 所示。单击"颜料桶工具" 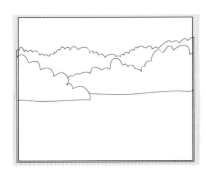 ,给背景填充不同的颜色,如图 2-37 所示。

图 2-36　完整轮廓线　　　　　　图 2-37　填充背景颜色

(23)接下来增加画面层次,选择用黑色的"铅笔工具" ,绘制树丛暗部的轮廓线和高光部分的轮廓线,如图 2-38 所示,并用"颜料桶工具" 填充不同的颜色层次,如图 2-39 所示。使用"选择工具" 选择黑色的轮廓线,并按键盘上的"Delete"键,将层次轮廓线删除,如图 2-40 所示。

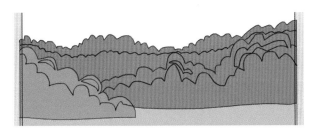

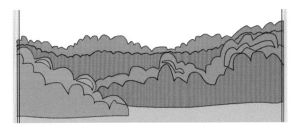

图 2-38　绘制层次轮廓线　　　　　　　　图 2-39　填充颜色层次

图 2-40　删除层次轮廓线

(24)按"Ctrl＋A"组合键全选图层,选择"笔触颜色" 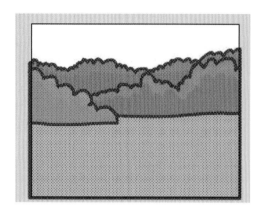 为黑色,将线全部变换成黑色,如图 2-41 所示。

图 2-41　调整轮廓线颜色

(25)用"铅笔工具" 在舞台绘制两丛小草,并填充如图 2-42 所示的颜色。分别选择图形按"Ctrl＋G"组合键将草丛组合,组合后的图形会显示组合框,如图 2-43 所示。

图 2-42　绘制草丛

图 2-43　组合草丛图

(26)切换至"选择工具",用鼠标左键拖拽草丛,同时按住"Alt"键,将这两个草丛复制多个,并使用"任意变形工具" 进行翻转和整体变形,效果如图 2-44 所示。

图 2-44　复制草丛并变形

(27)隐藏图层"中景",新建名为"远景"的图层,如图 2-45 所示。选择"矩形工具",在舞台上方绘制蓝色(♯4ADAFF)的天空,如图 2-46 所示。

图 2-45　新建图层"远景"

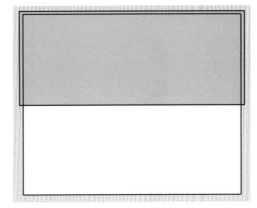
图 2-46　绘制天空

(28)接下来绘制白云。单击"钢笔工具" 在舞台中绘制如图 2-47 所示的轮廓线,填充白色,并删除黑线,按"Ctrl＋G"组合键,将白云组合。复制并移动白云,使用"任意变形工具" 进行翻转和整体变形,如图 2-48 所示。

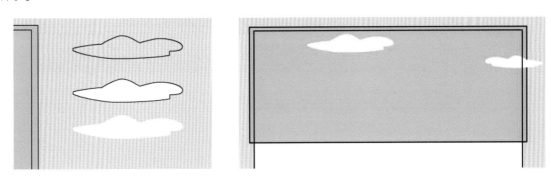

图 2-47　绘制白云　　　　　　　　图 2-48　复制白云并变形

(29)将"花""动物""地面""中景""远景"这五个图层取消隐藏,舞台呈现效果如图 2-49 所示。

图 2-49　舞台呈现效果

(30)整体层次还不够丰富,新建名为"前景"的图层,用"钢笔工具" 或"线条工具" 绘制叶子外轮廓线和层次轮廓线,填充颜色,删除层次轮廓线,如图 2-50 所示。

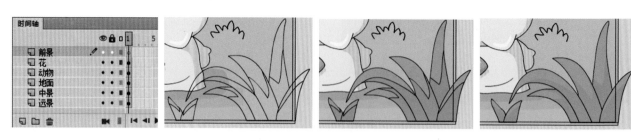

图 2-50　绘制前景

(31)本例全部完成,按"Ctrl＋S"组合键保存文件,单击"控制"→"测试影片"→"在 Animate 中"进行影片测试,如图 2-51 所示。

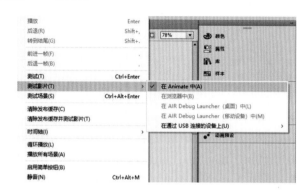

图 2-51　测试效果

> ► **知识链接** ······

图层与帧

1. 图层的学习

Animate 与其他图形图像编辑软件一样也有图层的概念。当创建新文档时,默认状态只有一个图层,可以通过添加新图层来组织动画中的形象、动画元素和其他对象。每个图层都包含一些舞台中的动画元素,上面图层中的元素遮盖下面图层中的元素。

图层区的最上面有三个图标:👁用来控制图层中的元件是否可视;🔒像一把小锁,单击后该图层被锁定,图层的所有元素都不能被编辑;▯是轮廓线,单击后图层中的元件只显示轮廓线,填充将被隐藏,这样方便编辑图层中的图形。图层之间的位置可以随意拖动互换。如图 2-52 所示为时间轴面板内的图层编辑区。

2. 图层的类型

图层文件夹 ▼📁:组织动画序列的组件和分离动画对象,有两种状态,▼📂是打开时的状态,► 📁是关闭时的状态。

引导层 ✎:引导层起到辅助静态对象定位的作用,无须使用被引导层,可以单独使用,层上的内容不会被输出,和辅助线差不多。

传统引导层 ⌇:使被引导层中的元件沿引导线运动,该层下的图层为被引导层。

遮罩层 🔘:使被遮罩层中的动画元素只能透过遮罩层被看到,该层下的图层就是被遮罩层 🔘。

普通图层 🗂:放置各种动画元素。

图层类型如图 2-53 所示。

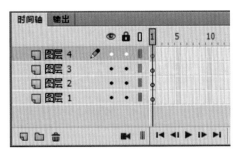

图 2-52　图层编辑区　　　　　　　　图 2-53　图层的类型

3. 帧的类型

在 Animate 中,一个静态画面就叫作帧,显示在"时间轴"面板中,所形成的动画就是以时间轴为基础的动画。帧是 Animate 动画中最小时间单位里出现的画面,所以帧的多与少也就是衡量动画长度的参考标准,而帧播放的速度也就是动画的播放速度。

Animate 中帧分为普通帧、关键帧、空白关键帧三种。

普通帧:普通帧显示为一个个的单元格。无内容的帧是空白的单元格,有内容的帧显示出一定的颜色。不同的颜色代表不同类型的动画,如传统补间的帧显示为浅紫色,补间形状的帧显示为浅绿色,补间动画的帧显示为蓝色,如图 2-54 所示。

关键帧:关键帧定义动画的变化环节,在时间轴中关键帧显示为实心的圆,如图 2-54 所示。当制作逐帧动画时,每一帧都是关键帧。而传统补间是在动画的重要点上创建关键帧,再由 Animate 自己创建关键帧之间的内容。

空白关键帧:舞台内没有任何动画元素的关键帧,它在时间轴上以空心圆点作为标记,如图 2-55 所示。

图 2-54　普通帧与关键帧　　　　　　图 2-55　空白关键帧

4. 帧的内容

时间轴好比"导演工作台",画布相当于"舞台",还要有演员才能演出一幕有声有色的"舞台剧"。在场景中的动画元素就是"演员",一般常用的有以下几种:矢量图形、位图图像、文字对象、声音对象,还包括按钮、影片剪辑、图形这三大元件,以及动作脚本语句。

动作脚本是 Animate 的脚本撰写语言,能随心所欲地实现场景之间的跳转、指定和定义实例的各种动作等。如果添加在帧上,在时间轴面板的相应帧上,会出现一个"a"字,如图 2-56 所示。

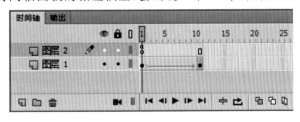

图 2-56　添加动作脚本语句后时间轴上的标记

第三节
图 形 绘 制

一、绘图工具的使用

1. 直线

用鼠标单击"线条工具" ☑，移动鼠标到舞台上，按住鼠标并拖动，松开鼠标，一条直线就画好了。打开属性面板，可以定义直线的颜色、粗细和样式，如图 2-57 所示。

接着画各种不同的直线，单击"属性"面板中的"样式"，会弹出一个笔触样式面板，如图 2-58 所示。为了方便观察，把线的粗细设置为"3"，在类型中选择不同的线型和颜色，设置完成后单击确定，来看设置不同笔触样式后画出的线条，如图 2-59 所示。

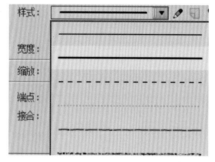
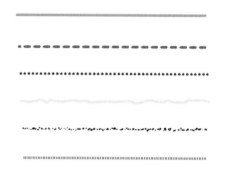

图 2-57　直线属性设置　　　　图 2-58　笔触样式面板　　　　图 2-59　不同笔触样式效果

2. 椭圆

选择绘图工具栏的"椭圆工具" ◙ 直接在舞台上拖动，就能够绘制标准的椭圆。按住"Shift"功能键的同时拖动鼠标，将得到一个正圆。椭圆或正圆边框的线型、宽度与颜色是由"属性"面板的设置决定的。绘制椭圆的方法非常简单，选择绘图工具栏的"椭圆工具" ◙ 之后，在舞台上拖动鼠标，确定椭圆的大致轮廓，释放鼠标之后，规定长度与宽度的椭圆将显示在屏幕上。为了设置椭圆的边框属性，用户可打开"属性"面板，改变它的线型、宽度与颜色。

选择"窗口"→"属性"命令，打开"属性"面板，确定椭圆的边框属性之后，选择绘图工具栏的"椭圆工具"按钮，在舞台上拖动鼠标，确定椭圆的长半轴与短半轴，释放鼠标，这样椭圆就画好了。如果图形之间互相重叠，那么重叠部分将被覆盖，如图 2-60 所示。

图 2-60　图形的重叠与切割

3. 矩形

绘制矩形的方法与绘制椭圆非常相似,通过"属性"面板的设置,可改变矩形边框的颜色、宽度与线型。通过"颜色"面板的设置,可决定是否对矩形进行填充以及填充的模式。按住"Shift"功能键时,将在舞台上得到正方形。在"属性"面板中,确定矩形边框的颜色、线型与宽度,选择"窗口"→"颜色"菜单命令,打开"颜色"面板,确定矩形的填充模式,然后单击绘图工具栏的"矩形工具" 按钮,在舞台上确定矩形的外部轮廓,释放鼠标。

4. 铅笔

单击工具栏的"铅笔工具" 按钮,在工具箱底部选择绘制模式,如图 2-61 所示。伸直模式:把线条转换成接近形状的直线。平滑模式:把线条转换成接近形状的平滑曲线。墨水模式:不加修饰,完全保持鼠标轨迹的形状。不同模式的线条效果如图 2-62 所示。

图 2-61　铅笔模式

图 2-62　不同模式的线条效果

二、填充属性

1. 填充变形工具

填充变形工具是对填充色进行移动、旋转与缩放的工具。

先画一个矩形,用选择工具选择该矩形。单击填充色,并从中选择"线性渐变",在工具栏中单击"任意变形工具" 右下角的小三角图标,选择"渐变变形工具" ,则矩形周围会出现 2 个修改手柄。拖动方形修改手柄,可以调整填充色的间距,如图 2-63 所示。拖动右上角的圆形旋转手柄,可调整色彩的填充方向,如图 2-64 所示。将鼠标移动到矩形中心的空心圆点上,鼠标变为带四个箭头的移动柄,移动它可以改变渐变色的填充位置,如图 2-65 所示。

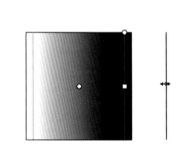 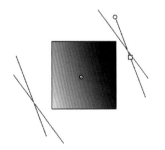 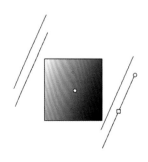

图 2-63　控制渐变范围　　　　图 2-64　旋转渐变填充　　　　图 2-65　修改渐变色的位置

2. 实例制作——绘制花朵

(1)执行"文件"→"新建"命令,新建文档,按"Ctrl+S"组合键将文件进行保存,命名为"绘图2"。执行"插入"→"新建元件"命令,弹出"创建新元件"对话框,输入元件名称"花瓣",选择"类型"为"图形",单击"确定"按钮,如图2-66所示。

(2)进入"花瓣"元件的编辑状态,单击"椭圆工具" ⬤ 按钮,"填充颜色"为无 ◨ ,在舞台中绘制出一个椭圆形,如图2-67所示。

(3)将鼠标移至椭圆形的边缘,鼠标下方会出现一条如图2-68所示的弧线,单击"选择工具" ▶ 对椭圆形进行形状调整,最后调整成如图2-69所示的花瓣形状。

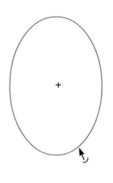

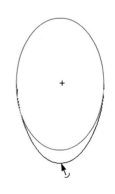

图 2-66　新建元件"花瓣"　　　　图 2-67　绘制椭圆　　　图 2-68　形状调整

(4)执行"窗口"→"颜色"命令,在"颜色"面板中选择填充类型为"线性渐变",然后分别单击下方 ⬠ 按钮,设置花瓣颜色为大红(♯FF0066)到浅红(♯FFDFDF)的渐变,如图2-70所示。给舞台中的花瓣从下至上拉出渐变颜色,然后删除外框线条,如图2-71所示。

(5)执行"插入"→"新建元件"命令,弹出"创建新元件"对话框,输入元件名称"花朵",选择"类型"为"图形",单击"确定"按钮,如图2-72所示。

(6)进入"花朵"元件的编辑状态,将刚刚绘制好的"花瓣"元件从"库"面板中拖放到场景中,然后用"任意变形工具" ▦ 将这个图形实例的中心点移动到花瓣图形的下端,如图2-73所示。

(7)保持场景中的"花瓣"元件处于激活状态,执行"窗口"→"变形"命令,弹出"变形"面板,在"变形"面板中,设置"旋转"为72度,如图2-74所示。

(8)单击"重置选区和变形" ⬚ 按钮,这时你会发现原来的花瓣旁边出现了一个同样的花瓣图形,接着再单击"重置选区和变形" ⬚ 按钮3次后,花朵就制作好了,如图2-75所示。

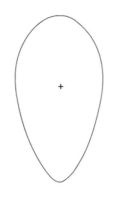

图 2-69　调整后的效果　　　图 2-70　"颜色"面板参数设置　　　图 2-71　花瓣填充颜色

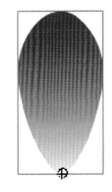

图 2-72　新建元件"花朵"　　　　　　　　图 2-73　调整元件中心点

图 2-74　"变形"面板参数设置　　　　　　图 2-75　制作一朵完整的花

提示:拖入到舞台中的"花瓣"元件要保证在"变形"面板中的比例为 100％,不要改变其大小,否则在单击"重置选区和变形" 按钮时,复制出来的元素就会大小不一。

▶▶→│ **知识链接** │……

元件、实例、库

1.元件的类型

元件是"舞台"的"基本演员",在 Animate 中,元件的类型有图形、按钮、影片剪辑三种,它们是组成 Animate 动画的关键帧元素。元件保存于"库"中,能够重复使用。

图形元件好比"群众演员",可用于静态图像,并可用来创建连接到主时间轴的动画片段。图形元件与主时间轴同步运行。按钮元件是个"特别演员",利用它能实现交互动画,使用按钮元件可以创建响应鼠标点击、滑过或其他动作的交互式按钮。影片剪辑元件是个"万能演员",它能创建出丰富的动画效果,能使导演想得到的任何灵感变为现实。影片剪辑元件可以创建可重复使用的动画片段,它拥有自身的独立于主时间轴的多帧时间轴。可以将影片剪辑看作主时间轴内的嵌套时间轴,它可以包含交互式控件、声音甚至其他影片剪辑实例。也可以将影片剪辑实例放在按钮元件的时间轴内,以创建动画按钮。

2.创建元件

(1)创建图形元件。

创建图形元件的元素可以是导入的位图图像、矢量图形、文本对象以及用 Animate 工具创建的线条、色块等。选择舞台中的对象元素,按键盘上的"F8"键,弹出"转换为元件"对话框,在"名称"中输入元件的名称,在"类型"中选择"图形"(见图2-76),单击"确定"按钮。这时,在"库"中生成相应元件,如图2-77所示。

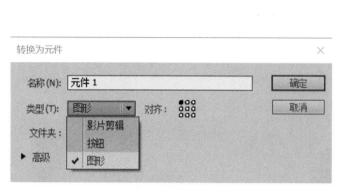

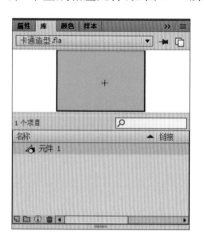

图2-76　图形元件转换　　　　　　　　　　　图2-77　"库"中的元件

(2)创建按钮元件。

创建按钮元件的元素可以是导入的位图图像、矢量图形、文本对象以及用Animate工具创建的任何图形。选择要转换为按钮元件的对象,按快捷键"F8",弹出"转换为元件"对话框,在"类型"中选择"按钮",如图2-78所示,单击"确定"按钮,即可完成按钮元件的创建。

按钮元件的特殊性在于它具有3个状态帧和1个有效区帧,3个状态帧分别是"弹起""指针经过""按下"(见图2-79),在这3个状态帧中,可以放置除了按钮元件本身以外的所有Animate对象,按钮可以对用户的操作做出反应,所以是交互动画的主角。

图2-78　按钮元件转换　　　　　　　　　　　图2-79　按钮元件的状态帧

(3)创建影片剪辑元件。

影片剪辑元件就是平时常听说的"MC"(movie clip)。可以把舞台上任何可视的对象,甚至整个时间轴内容创建为一个MC,还能把这个MC放置到另一个MC中,也可以将一段动画转换成影片剪辑元件。选择舞台上需要转换的对象,按快捷键"F8",弹出"转换为元件"对话框,在"类型"中选择"影片剪辑",如图2-80所示,单击"确定"按钮。

3. 实例

沿用上面的比喻,演员从"后台"走上"舞台"就是"演出",同理,元件从"库"中进入舞台就被称为该元件的实例。如图2-81所示,从"库"中把"元件1"向场景拖放4次(也可以复制场景中的实例),舞台中就有了"元件1"的4个实例。可以分别把各个实例的颜色、方向、大小设置成不同样式,具体操作可以通过不同面板配合完成。

实例1在"属性"面板中重新设置它的"宽""高"参数,并调整颜色效果;实例2改变了外形及颜色属性,可以通过"变形"面板设置;用同样的方法在"属性"面板中设置实例3和实例4的参数,如图2-82所示。

图 2-80　影片剪辑元件转换

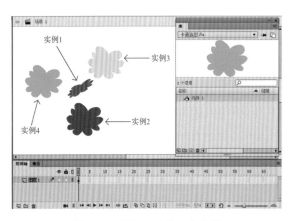

图 2-81　"元件 1"的 4 个实例

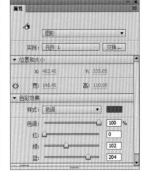

图 2-82　实例 1、实例 2、实例 3、实例 4 的属性设置

提示：对实例的位置、外形、旋转、倾斜等属性的编辑可以直接用鼠标进行，但利用相关面板可以精确设置属性的数值。

实例不仅能改变外形、位置、颜色等属性，我们还可以通过"属性"面板改变它们的类型，如图 2-83 所示。再分别选择这 4 个实例，观看它们的"属性"面板，发现它们的"身份"始终没变，都是"元件 1"的实例。也就是说，一个"演员"在舞台上可以穿上不同的服装，扮演不同的角色，这是 Animate 的一个极其优秀的特性。

4. "库"的管理与使用

"库"是使用频率较高的面板之一，被安置在面板集合中，鉴于它的重要性，建议把"库"从面板集合中取出，将它单独存放于舞台上。

打开"库"的快捷键是"Ctrl＋L"组合键，它是个"开关"按钮，重复按下"Ctrl＋L"键能在"库"窗口的打开、关闭状态间快速切换。"库"面板上还有库菜单，以及元件的项目列表和编辑按钮，如图 2-84 所示。在保存 Animate 源文件时，"库"的内容同时被保存。"库"存放着动画作品的所有元件，合理管理"库"对动画制作极其重要。

图 2-83　实例可改变类型　　　　图 2-84　"库"面板

实 训 二
○　○　○

实训名称:网络卡通造型设计。

实训目的:通过本章的学习,掌握用 Animate 绘制卡通造型的技巧与方法。

实训内容:请参考如图 2-85 和图 2-86 所示的效果,进行卡通造型设计练习。

实训要求:学会灵活使用软件工具来绘制所给图例的场景。

实训步骤:创建图层;绘制远景;绘制中景;绘制近景。

实训向导:运用图层与帧、元件进行绘图。

图 2-85　卡通造型设计练习效果演示 1

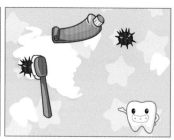

图 2-86　卡通造型设计练习效果演示 2

Wangluo Donghua Sheji yu Guanggao Zhizuo

第三章
网络动态贺卡设计

> **任务概述**

通过网络动态贺卡案例的设计制作,了解网络动态贺卡特点与设计要领,在实践中掌握如何使用 Animate 设计主题突出的网络贺卡,并学会补间的创建与声音素材的编辑。

> **能力目标**

对 Animate 网络动态贺卡设计方法有一定的掌握,为后续 Animate 设计奠定坚实的理论基础。

> **知识目标**

了解 Animate 网络动态贺卡的特点,掌握网络动态贺卡的制作技巧,学会灵活使用相关工具及命令制作出网络贺卡所需效果,并能融会贯通,举一反三地进行练习。

> **素质目标**

具备独立设计网络动态贺卡的能力。

第一节
网络动态贺卡设计知识

一、网络动态贺卡概述

与传统贺卡相比,网络动态贺卡具有发送快捷、可交互和节省费用等方面的优势,受到很多人的喜爱。因此,很多大型网站都提供了大量网络动态贺卡供访问者使用。网络动态贺卡的需求量相当大,而制作有特色的商业网络贺卡需要一定的设计方法和技巧。

二、网络动态贺卡的特点

第一,创意新颖,不论是动态贺卡还是静态贺卡,制作中最重要的是创意。

第二,短小精悍,情节不要过于复杂。作品的播放时间只有短短的数秒钟,应让使用者在短时间内看到贺卡的全部内容,舞台的尺寸不要太大,最好与现实中的贺卡一样大。

第三,色彩明亮,使用对比强烈的颜色,能使贺卡的感觉更为鲜明。

第四,声情并茂,注重画面气氛的烘托,充分表达出主题的氛围。

第五,互动控制,可按照使用者的需要添加互动程序。

三、网络动态贺卡的设计要领

第一,根据所表达的意思或主题来确定贺卡的构思或脚本。

第二,图形、动画、文字、音乐的完美结合。

第三,网络动态贺卡的设计一定要区别于设计动画短片和音乐 MV。

第二节
祝福贺卡设计《四季变换》

一、案例分析

本例以清晰的设计思路和步骤介绍网络动态贺卡的制作过程。

祝福贺卡《四季变换》主要以动画形式表现,制作流程分为三步:

首先,分图层绘制图形素材,包括天空、草地、树、房屋、飞鸟以及春、夏、秋、冬四个字。

然后,按设计的要求来安排图形元素,并创建动画效果。

最后,添加文本,制作文本的动画效果,并对制作好的影片进行发布测试。

祝福贺卡设计实例画面演示如图 3-1 所示。

图 3-1　祝福贺卡设计实例画面演示

二、操作步骤

(1)运行 Animate,执行"文件"→"新建"命令,打开"新建文档"对话框,选择"ActionScript 3.0",单击"确定"按钮,如图 3-2 所示。按"Ctrl+S"组合键保存文件。

（2）在 场景1 中，将"图层 1"改名为"天空"，然后选择工具箱中的"矩形工具" ，在舞台中绘制宽 550 像素、高 400 像素的浅蓝色（♯00CCFF）矩形，其大小刚刚覆盖舞台，如图 3-3 所示。

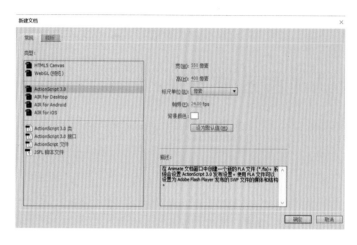

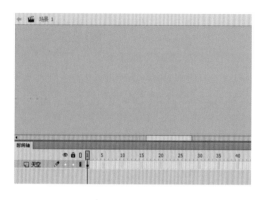

图 3-2　新建文档　　　　　　　　　　　　　　　　　图 3-3　绘制天空

提示：绘制轮廓的同时使用"选择工具" 和"部分选择工具" 进行辅助修改，可以很方便地得到所需要的线条形状。

（3）新建名为"房子"的图层。选择"线条工具" 在舞台内绘制黑色轮廓线，效果如图 3-4 所示。选择工具箱中的"颜料桶工具" 将房子填充为如图 3-5 所示的颜色，并删除轮廓线。

图 3-4　绘制房子的轮廓线　　　　　　　　　　　图 3-5　填充房子颜色并删除轮廓线

提示：在绘制复杂的轮廓线之前，一定要先选择工具栏中的"贴紧至对象" ，在绘制轮廓线的过程中，才能保证线条的端点能够连在一起。

（4）新建名为"树"的图层。选择"椭圆工具" 在舞台内绘制椭圆形，继续单击"铅笔工具" 在椭圆形内画一条曲线区分树的两个面，如图 3-6 所示。使用"线条工具" 配合"选择工具" 绘制树干的轮廓线，如图 3-7 所示。选择工具箱中的"颜料桶工具" 给树填充三种不同的颜色——浅绿色（♯33E700）与深绿色（♯339900）的树叶、褐色（♯957B04）的树干，然后选择工具箱中的"选择工具" 将轮廓线删除，如图 3-8 所示。

（5）新建名为"草地上"的图层，选择工具箱中的"矩形工具" 在舞台内绘制如图 3-9 所示的矩形，填充黄色（♯FFEE51）。

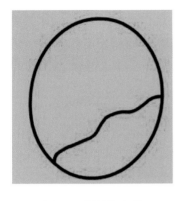

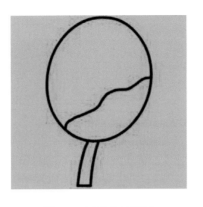

图 3-6　树的轮廓线　　　　　图 3-7　树干的轮廓线　　　　图 3-8　填充树的颜色并删除轮廓线

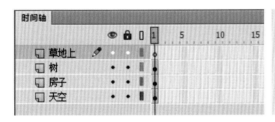

图 3-9　新建图层并绘制矩形

(6)单击"选择工具" 将矩形的两条长边向上拖拽,转换成曲线,然后删除轮廓线,如图 3-10 所示。

(7)新建名为"地面下"的图层,选择工具箱中的"矩形工具" 在舞台内绘制矩形,填充绿色(♯54DA27)。使用"选择工具" 拖拽矩形上面的边线,删除轮廓线,如图 3-11 所示。

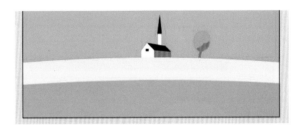

图 3-10　调整上边的草地　　　　　　　　　图 3-11　绘制下边的草地

(8)同时选择 场景 1 中所有图层的第 100 帧,单击鼠标右键选择"插入帧",如图 3-12 所示。或直接按"F5"键插入帧,将图形素材的停留时间延长,如图 3-13 所示。

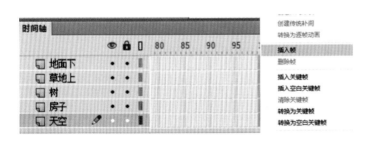

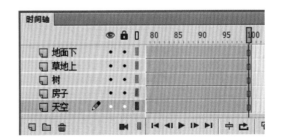

图 3-12　选择"插入帧"　　　　　　　　　图 3-13　将图层帧数增加到 100

(9)选择"天空""树""草地上""地面下"这四个图层的第 15 帧,按"F6"键插入关键帧,并且将该帧图形的颜色填充为夏季的颜色——天空填充深蓝色(♯0000CC),草地的颜色分别为大红(♯FF0000)、褐色(♯

64361E),树的颜色也要进行调整,如图 3-14 所示。

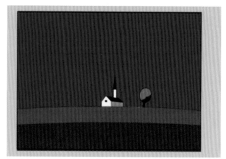

图 3-14　创建夏季的颜色

(10)继续选择"天空""树""草地上""地面下"这四个图层的第 30 帧,按"F6"键插入关键帧,并且将该帧图形的颜色填充为秋季的颜色——天空填充蓝紫色(♯9999FF),草地的颜色分别为橘黄色(♯FFAD33)、浅褐色(♯CC6600),如图 3-15 所示。

(11)继续选择"天空""树""草地上""地面下"这四个图层的第 45 帧,按"F6"键插入关键帧,并且将该帧图形的颜色填充为冬季的颜色,效果如图 3-16 所示。

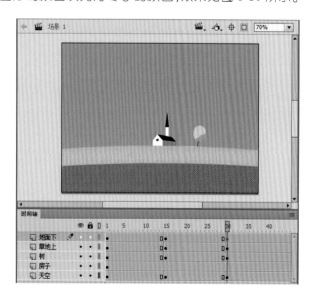

图 3-15　填充秋季的颜色

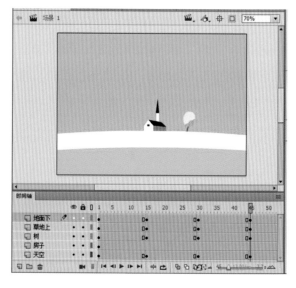

图 3-16　填充冬季的颜色

(12)在图层"天空""树""草地上""地面下"的第 1 帧和第 15 帧之间,单击鼠标右键,选择"创建补间形状"命令。对后面的帧用同样的方法创建补间形状,如图 3-17 所示。

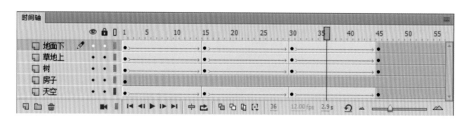

图 3-17　创建补间形状 1

(13)新建名为"鸟"的图层,选择工具箱中的"线条工具" 在舞台内绘制直线,使用"选择工具" 对舞台内的线条进行拖放,把直线调整为曲线,如图 3-18 所示。为了进一步使线条变得圆润平滑,选择工具箱中的"部分选择工具" 双击舞台内的线条,对节点进行调节,如图 3-19 所示。选择工具箱中的"颜料桶工具" 给鸟填充颜色,并用"选择工具" 将舞台内的轮廓线删除,并将它移到如图 3-20 所示的位置。

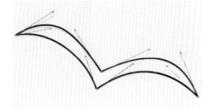
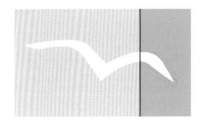

图 3-18　绘制飞鸟轮廓线　　　　　　　图 3-19　编辑轮廓线　　　　　　　图 3-20　填充效果

(14)在图层"鸟"的第 20 帧按"F6"键插入关键帧,将该帧中的鸟移至如图 3-21 所示的位置。在图层"鸟"的第 45 帧按"F6"键插入关键帧,将帧中的鸟移至舞台的右侧,如图 3-22 所示。

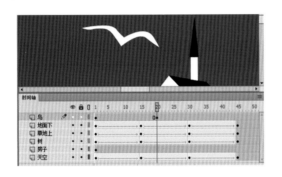
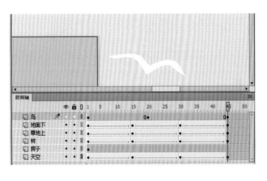

图 3-21　移动鸟的位置到舞台中间　　　　　　图 3-22　移动鸟的位置到舞台右边

(15)在图层"鸟"的第 1 帧和第 20 帧之间、第 20 帧和第 45 帧之间,单击鼠标右键选择"创建补间形状"命令,如图 3-23 所示。

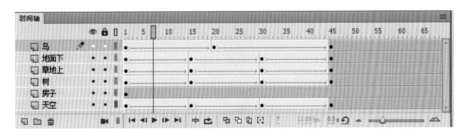

图 3-23　创建补间形状 2

(16)新建名为"四季"的图层,选择"文本工具" 输入静态文本"春",字体颜色设置为黑色,如图 3-24 所示。在图层"四季"第 15 帧按"F8"插入空白关键帧,选择"文本工具" 输入静态文本"夏",如图 3-25 所示。

提示:图层插入空白关键帧是为了在后面的动画编辑中再次利用,在动画的制作中尽量减少图层的使用,对后面的修改和查看有很大的帮助。

(17)在图层"四季"第 30 帧按"F8"键插入空白关键帧,选择"文本工具" 在如图 3-26 所示的位置输入静态文本"秋"。在图层"四季"第 45 帧按"F8"键插入空白关键帧,选择"文本工具" 在如图 3-27 所示的位置输入静态文本"冬",然后在第 55 帧按"F8"键插入空白关键帧。

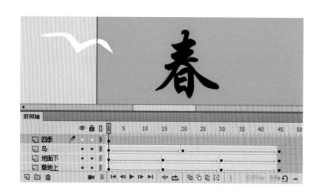

图 3-24　输入文本"春"

图 3-25　输入文本"夏"

图 3-26　输入文本"秋"

图 3-27　输入文本"冬"

(18)新建名为"文字 1"的图层,在第 55 帧按"F8"键插入空白关键帧,选择"文本工具" T 在如图 3-28 所示的位置输入静态文本"岁月流转",再用"选择工具" 选择"岁月流转"这四个字,连续按"Ctrl＋B"将文字分离。在图层"文字 1"的第 64 帧、第 71 帧、第 78 帧插入关键帧,同时打开"颜色"面板,将第 55 帧、第 78 帧文字的"A"(Alpha)值设置为"0",如图 3-29 所示。

图 3-28　输入文本并分离文字

图 3-29　设置文本颜色 1

(19)在图层"文字 1"的第 55 帧和第 63 帧之间、第 71 帧和第 78 帧之间,单击鼠标右键选择"创建补间形状"命令,如图 3-30 所示。

图 3-30　创建补间形状 3

（20）新建一个名为"文字 2"的图层,在第 75 帧插入空白关键帧,选择"文本工具"T输入静态文本"祝福永恒",如图 3-31 所示。再用"选择工具"选择"祝福永恒"这四个字,连续按"Ctrl＋B"将文字分离。在图层"文字 2"的第 84 帧插入关键帧,同时把第 75 帧文字的"A"值设置为"0",如图 3-32 所示。

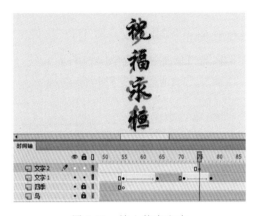
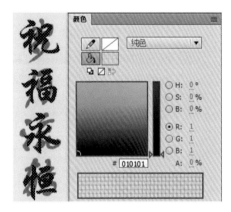

图 3-31　输入静态文本　　　　　图 3-32　设置文本颜色 2

（21）在图层"文本 2"的第 75 帧和第 84 帧之间,单击鼠标右键选择"创建补间形状"命令,如图 3-33 所示。

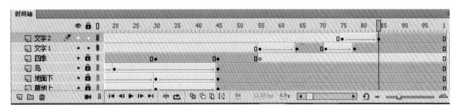

图 3-33　创建补间形状 4

（22）按"Ctrl＋S"组合键将文件进行保存,最后按"Ctrl＋Enter"组合键发布动画进行测试,《四季变换》的最终效果如图 3-34 所示。

图 3-34　祝福贺卡《四季变换》的最终效果

补间形状

补间形状是 Animate 中非常重要的表现手法之一，运用它，可以制作出各种奇妙的、不可思议的变形效果。

1. 补间形状的概念

在一个关键帧中绘制一个形状，然后在另一个关键帧中更改该形状或绘制另一个形状，Animate 根据二者之间的帧的值或形状来创建的动画被称为补间形状动画。

2. 构成补间形状动画的元素

补间形状可以实现两个图形之间颜色、形状、大小、位置的相互变化，其变形的灵活性介于逐帧动画和动作补间动画二者之间，使用的元素多为用鼠标或压感笔绘制出的形状，如果使用图形元件、按钮、文字，则必须先"打散"才能创建变形动画。

3. 补间形状在时间轴面板上的表现

补间形状创建好以后，时间轴面板的背景色变为淡绿色，在起始帧和结束帧之间有一个长长的箭头，如图 3-35 所示。

4. 创建补间形状的方法

在时间轴面板上动画开始播放的地方创建或选择一个关键帧，并设置要开始变形的形状，一般一帧中以一个对象为好，在动画结束处创建或选择一个关键帧并设置要变成的形状，然后在两个关键帧之间单击鼠标右键，打开快捷菜单，选择"创建补间形状"命令。

5. 认识补间形状的属性面板

Animate 的"属性"面板随鼠标选定的对象不同而发生相应的变化。当建立了一个形状补间动画后，单击帧，可以看到"属性"面板的变化，如图 3-36 所示。

图 3-35　补间形状动画在时间轴上的表现　　　图 3-36　补间形状的"属性"面板

补间形状的"属性"面板上只有两个参数：

(1)"缓动"选项。

单击"缓动"后的"缓动值"（见图 3-37），用鼠标左右拖动便可以调节参数值，当然也可以在文本框中直接输入具体的数值，设置后，补间形状动画会随之发生相应的变化。在 1 到－100 的负值之间，动画运动的速度从慢到快,朝运动结束的方向加速补间。在 1 到 100 的正值之间,动画运动的速度从快到慢,朝运动结束的方向减慢补间。默认情况下,补间帧之间的变化速率是不变的。

(2)"混合"选项。

"混合"选项中有"分布式"选项和"角形"选项供选择(见图 3-38)。"分布式"选项是指创建的动画中间形状比较平滑和不规则。"角形"选项是指创建的动画中间形状会保留明显的角和直线,适合于具有锐化转角和直线的混合形状。

图 3-37　"缓动"选项　　　　　图 3-38　"混合"选项

 知识链接

创建传统补间

传统补间也是 Animate 中非常重要的表现手段之一,与补间形状不同的是,传统补间动画的对象必须是元件或组合对象。

运用传统补间,可以设置元件的大小、位置、颜色、透明度、旋转等种种属性。这里详细讲解传统补间的特点及创建方法,并分析传统补间和补间形状这两种动画的区别。

1.传统补间的概念

在一个关键帧上放置一个元件,然后在另一个关键帧改变这个元件的大小、颜色、位置、透明度等,Animate 根据二者之间的帧的值创建的动画称为传统补间动画。

2.构成传统补间的元素

构成传统补间的元素是组合的图形,包括三大元件、文字、位图、组合等,但不能是形状,只有把形状组合或者转换成元件后才可以做传统补间。

3.传统补间在时间轴面板上的表现

传统补间建立后,时间轴面板的背景色变为淡紫色,在起始帧和结束帧之间有一个长长的箭头,如图 3-39 所示。

4.创建传统补间的方法

在时间轴面板上动画开始播放的地方创建或选择一个关键帧并设置一个元件,一帧中只能放一个项目,在动画要结束的地方创建或选择一个关键帧并设置该元件的属性,在两个关键帧之间单击鼠标右键,打

图 3-39　传统补间在时间轴上的表现

开快捷菜单,选择"创建传统补间"命令。

5.传统补间和补间形状的区别

传统补间和补间形状都属于补间动画,前后都各有一个起始帧和结束帧,二者之间的区别如表 3-1 所示。

表 3-1　传统补间和补间形状的区别

区别之处	传统补间	补间形状
在时间轴上的表现	淡紫色背景加长箭头	淡绿色背景加长箭头
组成元素	影片剪辑、图形元件、按钮、文字、位图等	用绘图工具绘制的形状,使用"对象绘制"绘制的形状
作用	实现元件、组合图形的大小、位置、颜色、透明度等的变化	实现两个形状之间的变化,或一个形状的大小、位置、颜色等的变化

6.认识传统补间的属性面板

在时间轴传统补间的起始帧上单击,"属性"面板如图 3-40 所示。

图 3-40　传统补间的"属性"面板

>▶ 知识链接 ┃ ......

元件动画

(1)执行"文件"→"新建"→"新建文档"命令,将舞台的背景色调整为深蓝色(♯000066)。新建名为"星星闪烁"的元件,进入元件的编辑状态,如图 3-41 所示。

(2)选择"多角星形工具"⬡,如图 3-42 所示,然后单击"属性"面板中的"选项",打开"工具设置"面板,在"样式"的下拉菜单中选择"星形",如图 3-43 所示。

图 3-41　创建新元件"星星闪烁"

图 3-42　"多角星形工具"

图 3-43　"工具设置"面板

(3)在舞台中绘制五角星,设置填充颜色为白色,如图 3-44 所示。分别在第 6 帧和第 10 帧插入关键帧,并选择第 6 帧内的图形,使用"任意变形工具"🔳将其缩小,如图 3-45 所示。在第 1 帧和第 10 帧之间创建补间形状,如图 3-46 所示。

图 3-44　填充星星的颜色

图 3-45　调整星星的大小

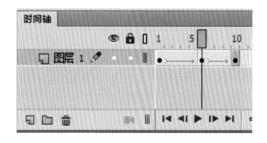
图 3-46　创建补间形状

(4)返回🎬场景 1,将"库"中的图形元件"星星闪烁"拖入到舞台中,将"图层 1"的帧延长到第 10 帧,如图 3-47 所示。将舞台中的元件实例复制多个,并调整疏密、大小变化,如图 3-48 所示。

(5)选择其中的一个元件实例,打开"属性"面板,将颜色设置为黄色,如图 3-49 所示。用同样的方法,将舞台中其他实例的颜色效果,如亮度、色调、Alpha等进行调整,使每个实例的颜色都不同,如图 3-50 所示。

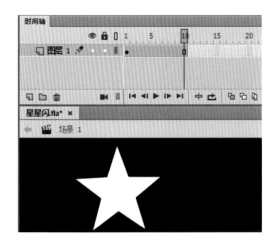
图 3-47　设置元件在场景中的位置

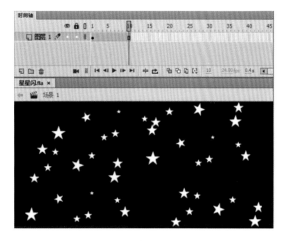
图 3-48　复制并调整元件实例

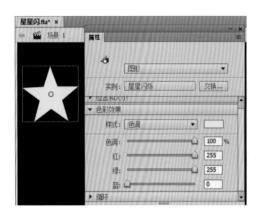

图 3-49　调整单个实例的颜色

图 3-50　调整所有实例的颜色

（6）调整实例播放的帧数。选择一个元件实例，打开"属性"面板，在"选项"下拉菜单中选中"循环"，将帧数改为"5"，如图 3-51 所示，表示实例动画是从元件内部的第 5 帧开始播放。继续选择另一个元件实例，将帧数改为"9"，如图 3-52 所示，这个实例动画是从元件内部的第 9 帧开始播放。

图 3-51　调整单个实例的动画播放帧数

图 3-52　调整其他实例的动画播放帧数

（7）用相同的方法，将舞台中其他元件实例的循环播放帧数设置为从第 1 帧到第 10 帧之间的任意帧数。按"Ctrl＋Enter"组合键发布动画进行测试，最终效果如图 3-53 所示。

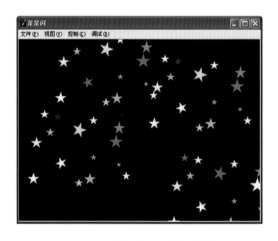

图 3-53　"星星闪烁"案例效果

实 训 三

○ ○ ○

实训名称:网络动态贺卡设计。

实训目的:通过本章学习,独立完成该实训,掌握用 Animate 进行网络动态贺卡设计的技巧与方法。

实训内容:请参考图 3-54 和图 3-55 所给出的两个效果,结合本章所讲解的内容进行动态贺卡设计练习。

实训要求:自己设计造型元素,并添加动画及音乐效果,可增加其他素材以达到所需效果。

实训步骤:制作背景;绘制贺卡需要的图形元素;创建动画;制作文本;添加音乐。

实训向导:运用补间形状、传统补间制作贺卡的动画效果,添加文字与声音。

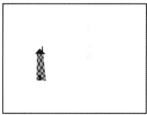

图 3-54   网络动态贺卡设计参考效果 1

图 3-55   网络动态贺卡设计参考效果 2

Wangluo Donghua Sheji yu Guanggao Zhizuo

第四章
网络动画短片设计

> **任务概述**

通过网络动画短片的设计制作,了解网络动画短片的制作流程和设计要点,理解网络动画短片的制作原理,并掌握使用 Animate 制作网络动画短片的方法与技巧。

> **能力目标**

对网络动画短片有初步的认识和目标定位,并能较好地把握作品主题,在制作的过程中能把艺术与技术紧密地联系在一起,为独立创作奠定基础。

> **知识目标**

理解网络动画短片的设计原则和制作原理,并学会运用 Animate 制作完整的动画短片。

> **素质目标**

具备独立完成网络动画短片制作的能力。

第一节
网络动画短片设计知识

一、网络动画短片概述

相对于电视动画系列片,Animate 制作的动画短片在艺术特征和制作过程中都有自己独特的地方。由于 Animate 网络短片的篇幅不长,使个性独特的制作成为现实。越来越多的 Animate 爱好者制作出视听表现力极强的作品,极具震撼力。因此,制作网络动画短片的重点需放在把握作品主题上,将艺术与技术完美地融合在作品中。(Animate 由 Flash 更名而来,本章涉及更名之前的作品,均用软件名 Flash。)

二、网络动画短片设计要领

1. 动画主题思想的确立和创作灵感的产生

可以真人、真事为原型进行创作,也可以根据故事传说、小说改编创作。

2. 选择合适的题材和风格

网络动画大多表现的是娱乐性、通俗化的题材。故事片、MTV 是最多的选择,也是网络动画流行的基础。网络动画实现了普通人创作动画的梦想,用 Animate 制作短片已经很常见,如我们所熟知的商业活动中的片头和广告。

网络动画的题材可以从传统文化中寻找,比如田易新的 Flash 作品"小破孩"系列故事,大多取材或改编自中国传统故事,并且绘画风格、音乐、服装等都保持中国文化风格,使人一看就知道这是中国的"小破孩"。作品《景阳岗》《射雕英雄传》《中秋背媳妇》都有着很深的中国传统印记,不仅故事取材于民间传说、历史典故等,民族音乐也起到相当的作用,如《景阳岗》中的《十面埋伏》琵琶曲,《射雕英雄传》中的《二泉映月》二胡曲,以及《中秋背媳妇》中的《梁祝》等。网络动画可以有很多种风格,如卜桦的作品倾向于版画风格,这种风格非常适合 Flash 来表现,粗犷的不规则线条、夸张的色块,不讲究动画的过渡,但又和整体的美术风格很协调,可以说卜桦的这种风格是 Flash 和美术结合的典范。

3. 选择合适的学习手段

最早使用 Flash 制作网络动画的创作者之一朱志强,选择"小黑人"作为动画角色,极大地运用了 Flash 软件本身的优势。小黑人类似于剪影效果,人物的细节都忽略了,这为突出动作的表现提供了便利,人物可以方便地做出各类高难度动作,而不用耗费太大的精力。这种动画的制作方法,为动画制作的学习提供了便捷条件。一个长期从事传统动画创作的人,也没有条件把人物动作规律随心所欲地进行安排调度,反复实验。那是因为用传统方法,不能在纸上将动作直观而又不需太多成本地表现出来,而 Flash 软件中的矢量线就有这样的好处,可以用鼠标方便地调整人物的运动,省时省力。如果初学者用这种方法来进行动画规律的练习或创作,将是非常好的选择。

第二节
网络动画短片设计《十大健康好习惯》

一、案例分析

本节以动画短片《十大健康好习惯》为例,详细解析网络动画短片制作的全过程。《十大健康好习惯》是以一个三口之家为例,用动画的形式展现在日常生活中的十个健康好习惯,分别为:经常开窗通风;适量运动;保持良好心态;饭前便后正确洗手;早晚刷牙,饭后漱口;低盐、低脂饮食;戒烟;规律起居,每天保障 7~8 小时睡眠;及时清理室内外环境卫生,消除蚊虫鼠患;及时进行预防接种。因为动画短片涉及的内容较多,初学者可以选择其中一个镜头进行实践练习。

本例由企业提供脚本,我们需要进行分镜头设计、角色造型与背景设计、动画制作等。作品属于平面化风格,造型简洁,节奏轻快。首先制作角色,将角色造型和有重复动作的角色动态制作成元件,将背景也制作成元件,再分镜头完成动画制作。

二、操作步骤

(一)分镜头设计

分镜头是为了明晰短片创作方向,根据剧本,绘制出类似连环画的故事草图,将剧本描述的故事情节表现出来。整部动画由十个场景组成,由于篇幅有限,本例制作其中的三个场景,即经常开窗通风、适量运动、保持良好心态。一个场景设计一个主镜头,如图 4-1 所示。

图 4-1   短片分镜

(二)角色造型设计

角色造型必须符合人物的性格。动画中的人物就好比电影中的演员,影片中的情节都必须通过角色的表演来实现,他们的性格、长相、身材、穿着,将直接影响到影片的质量。短片《十大健康好习惯》中的角色形象应符合角色的身份和年龄特征,女孩活泼可爱,父亲严谨自律,母亲勤劳温和。

女孩是短片的主要角色,她的造型比较多,有站立、坐、推窗、跑步、写字等,其中正面站立是基本造型,从情节设计确定女孩正面站立、跑步、写字是重复动作,适合做成元件。

1. 女孩基本造型

(1)新建 Animate 文档,设置宽 1024 像素、高 576 像素,背景颜色为白色,如图 4-2 所示。按“Ctrl+S”组合键将文件保存为“十大健康好习惯”。在菜单中选择“插入”→“新建元件”(或按快捷键“Ctrl+F8”),弹出“创建新元件”窗口,创建名为“女孩站立”的图形元件,如图 4-3 所示。

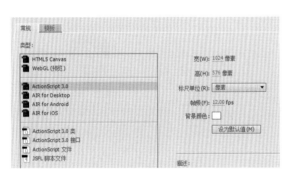

图 4-2   新建文档

图 4-3   创建元件“女孩站立”

(2)进入图形元件“女孩站立”的编辑状态,使用“直线工具” 、“选择工具” 、“矩形工具” 、“椭圆工具” 等绘图工具绘制女孩造型,如图 4-4 所示。

(3)对造型各部分进行组合,调整造型的位置和层次,如图 4-5 所示。绘制女孩的眼、眉、口、鼻的造型,并移动至如图 4-6 所示的位置。

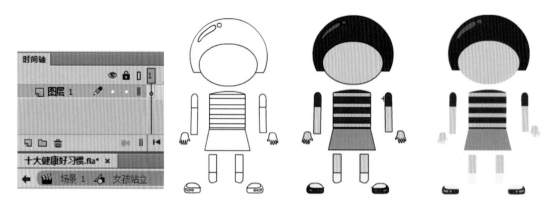

图 4-4　绘制女孩站立造型

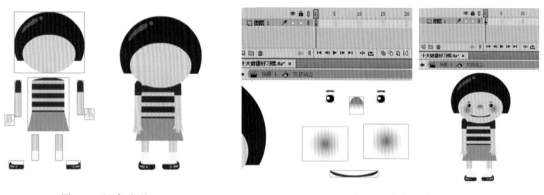

图 4-5　组合造型　　　　　　　　　　　　　　图 4-6　绘制五官

2. 女孩动态造型——女孩写字

(1)选择"库"中"女孩站立"元件,单击右键,选择"直接复制",弹出"直接复制元件"对话框,将名称改为"女孩写字",如图 4-7 所示。双击该元件,进入元件编辑状态,新建图层"桌子""椅子",绘制桌子和椅子的造型并组合,分别将桌子和椅子移至如图 4-8 所示的位置。

图 4-7　复制元件

(2)隐藏图层"桌子",选择女孩的右手造型,修改成握笔写字的造型,调整左手的造型,绘制书的造型,调整两腿的造型,如图 4-9 所示。

(3)将三个图层的帧延长至 12 帧。在"图层 1"的第 3 帧插入关键帧,选择右手和右臂,单击"任意变形工具" ，将旋转中心移至肩部,稍微向下旋转。选择头部与五官,将旋转中心移至颈部,将头部整体往右边稍微旋转,如图 4-10 所示。

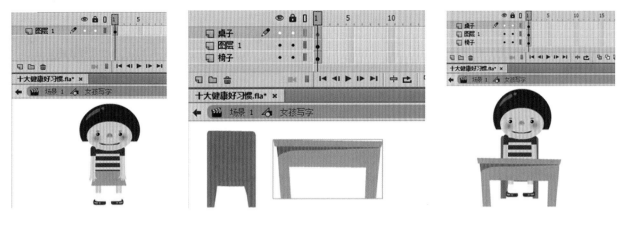

图 4-8　绘制桌子和椅子

图 4-9　女孩写字的造型

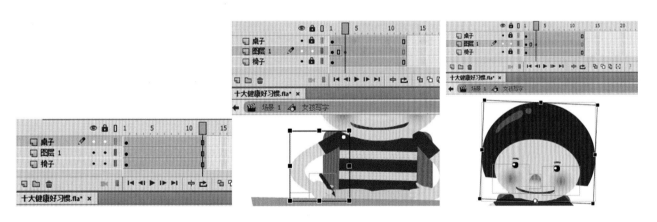

图 4-10　写字的动作

（4）将第 1 帧复制到第 7 帧,继续复制第 3 帧粘贴到第 9 帧,如图 4-11 所示。

3. 女孩动态造型——女孩跑

（1）女孩跑步的动画是四个关键帧形成的一个循环。将"库"面板中的"女孩站立"图形元件直接复制为"女孩跑",进入"女孩跑"图形元件编辑状态,如图 4-12 所示。

（2）双击进入头部造型的组合,绘制侧面造型的轮廓线,并填充颜色,删除轮廓线,如图 4-13 所示。单击 女孩跑 返回元件,将正面的五官修改为侧面五官造型,如图 4-14 所示。

图 4-11　复制粘贴帧

图 4-12　创建"女孩跑"元件

图 4-13　绘制头部侧面造型　　　　　　　　　　图 4-14　调整五官

(3)整体调整四肢的位置和造型,重点修改手臂的造型,双击进入手臂编辑状态,使用绘图工具修改调整成侧面跑的造型,如图 4-15 所示。

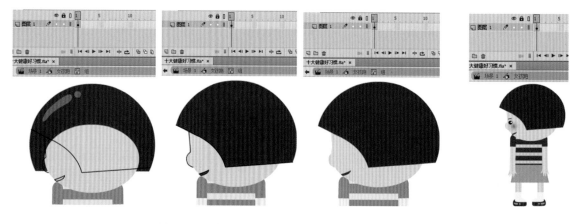

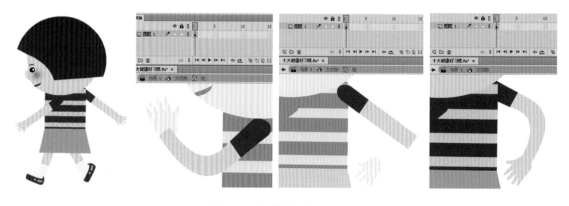

图 4-15　绘制侧面跑造型

（4）为了区分左右，将右腿和右手颜色处理成深色，调整左手和右腿向前，右手和左腿向后，四肢动态幅度较大，如图 4-16 所示。为了把握侧面跑的运动规律，在舞台的空白区域单击右键，选择"标尺"，将鼠标移至横向标尺，拖拽出两条蓝色的参考线，分别放置在脚底和头顶，如图 4-17 所示。

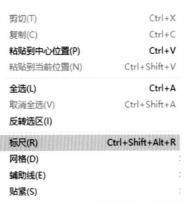

图 4-16　完整侧面造型　　　　　　　　　　　图 4-17　创建两条参考线

（5）在第 3 帧插入关键帧，调整修改成右腿接近直立、左腿弯曲的造型，调整双手的动作，头顶高度上升，突出跑步时的起伏感，如图 4-18 所示。

（6）复制第 1 帧并粘贴到第 6 帧，调整成左腿和右手向前、右腿和左手向后的造型，如图 4-19 所示。复制第 3 帧并粘贴到第 9 帧，调整修改成左腿接近直立、右腿弯曲的造型，并将帧延长到第 10 帧，如图 4-20 所示。

图 4-18　换腿造型 1　　　　　　　图 4-19　左腿迈步　　　　　　　图 4-20　换腿造型 2

4. 父亲跑

（1）父亲跑步的动画是六个关键帧形成的一个循环。在菜单中选择"插入"→"新建元件"，弹出"创建新元件"窗口，创建"父亲跑"的图形元件，如图 4-21 所示。

进入图形元件"父亲跑"的编辑状态，使用绘图工具绘制父亲侧面跑的造型，为了区分左右，将右腿和右手处理成深色，并对各部分造型进行组合，如图 4-22 所示。

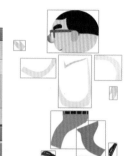

图 4-21　创建图形元件"父亲跑"　　　　　　　　图 4-22　各部分造型

（2）侧面起步跑的完整造型如图 4-23 所示。在舞台的空白区域单击右键，选择"标尺"，拖拽四条横向的参考线和一条竖向参考线（因为成人结构更复杂，跑步的动态帧数比女孩的多，所以设定的参考线也多），如图 4-24 所示。

（3）在第 3 帧插入关键帧，这是一个收腿动作，重心几乎在左腿上，右腿呈收腿状态，调整双手的动作，提升头顶高度，跑步时的起伏感是角色的运动规律，如图 4-25 所示。

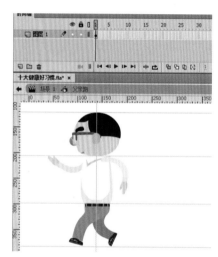

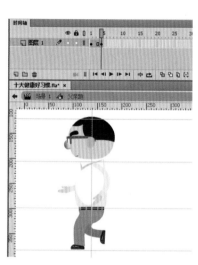

图 4-23　完成第 1 帧造型　　　　　图 4-24　设置参考线　　　　　图 4-25　完成第 3 帧造型

（4）在第 5 帧插入关键帧，这是一个换腿动作，左腿接近直立，承受整个身体的重量，右腿是弯曲的造型，调整双手的动作，头顶高度升至最高，如图 4-26 所示。

（5）复制第 1 帧并粘贴至第 7 帧，调整左手与右手造型，分别调整右脚、左脚的造型与层次变化，制作成右脚迈大步的造型，如图 4-27 所示。复制第 4 帧，粘贴到第 10 帧，调整左手与右手造型，分别调整右脚、左脚的造型与层次变化，如图 4-28 所示。

（6）复制第 5 帧，粘贴到第 11 帧，调整左手与右手造型，分别调整右脚、左脚的造型与层次变化，并将帧延长到第 12 帧，如图 4-29 所示，至此六个关键帧形成的一个跑步循环已完成。

5. 父亲看报

新建"父亲看报"图形元件，进入元件编辑状态，绘制父亲坐的造型，对造型进行组合，如图 4-30 所示。新建"椅子"图层，绘制椅子，父亲看报的完整造型如图 4-31 所示。

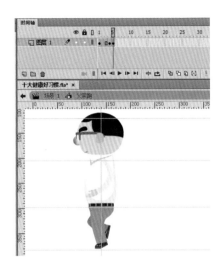

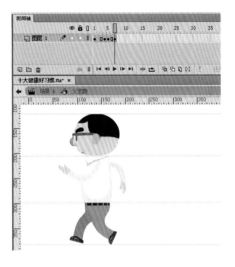

图 4-26　第 5 帧造型　　　　　　　　　　　图 4-27　第 7 帧造型

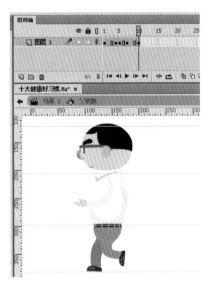

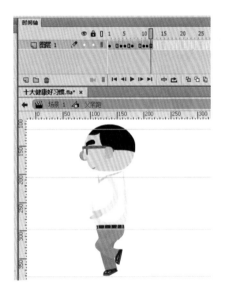

图 4-28　第 10 帧造型　　　　　　　　　　图 4-29　第 11 帧造型

图 4-30　父亲坐　　　　　　　　　　　　　图 4-31　完整造型

6. 妈妈炒菜

（1）新建"妈妈炒菜"图形元件，进入元件编辑状态，绘制妈妈炒菜造型，对造型进行组合，如图 4-32 所示。在第 3 帧插入关键帧，调整炒菜的动作，注意手和锅的位置变化，如图 4-33 所示。

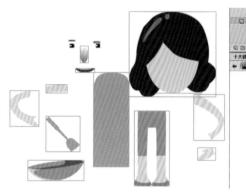

图 4-32　绘制妈妈炒菜造型　　　　　　　　　　　图 4-33　第 3 帧造型

（2）在第 6 帧、第 9 帧插入关键帧，调整炒菜的动作，如图 4-34 所示。

（3）将帧延长到第 10 帧，新建图层"菜"，绘制锅的局部造型，并将其与右侧炒菜锅的边缘重叠，以遮挡露出锅外的锅铲，如图 4-35 所示。

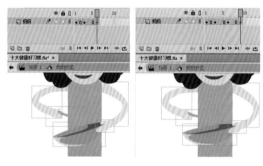

图 4-34　第 6 帧、第 9 帧的造型　　　　　　　　　图 4-35　创建遮挡锅铲图层

（4）选择"矩形工具" ▢，单击"对象绘制" ▣，绘制青菜叶的造型，并复制多个，调整颜色和位置，如图 4-36 所示。

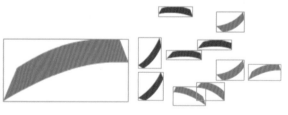

图 4-36　制作青菜叶

（5）将青菜移至锅的中间位置，并将局部锅造型调整至青菜的上方，如图 4-37 所示。在第 3 帧插入关键帧，将青菜造型上移，如图 4-38 所示。分别在第 7 帧、第 9 帧插入关键帧，继续编辑青菜的动态，将帧延长至第 10 帧，如图 4-39 所示。

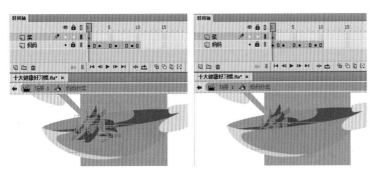
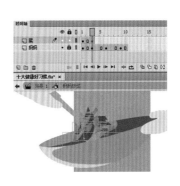

图 4-37　调整青菜的层次　　　　　　　　图 4-38　青菜的动态变化

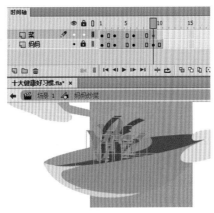

图 4-39　完成炒菜的动画效果

7. 妈妈跑

(1)将"库"中"妈妈炒菜"元件复制为"妈妈跑"元件,进入元件编辑状态,保留"妈妈"层的第 1 帧,其他帧全部删除,如图 4-40 所示。在原有造型上修改成妈妈侧面跑的造型,如图 4-41 所示。

图 4-40　创建新元件"妈妈跑"　　　　　　图 4-41　妈妈侧面跑的造型

(2)在第 4 帧插入关键帧,右腿接近直立,承受整个身体的重量,左腿呈收腿状态,调整双手的动作,头顶高度上升至最高,突出跑步的起伏感。在第 6 帧插入关键帧,这是一个换腿动作,左腿向前迈步,调整四肢动作,头顶高度略下降。复制第 1 帧并粘贴到第 7 帧,左腿迈大步,调整左手与右手造型,分别调整右脚、左脚的造型与层次变化。复制第 4 帧粘贴到第 10 帧,调整四肢的造型与层次。复制第 7 帧粘贴到第 12 帧,调整四肢的造型与层次。效果如图 4-42 所示。

图 4-42　第 4 帧、第 6 帧、第 7 帧、第 10 帧、第 12 帧的造型

(三)动画制作

1. 制作片名

(1)返回  场景 1，将当前图层改名为"1-背景"，使用"矩形工具"在舞台中绘制黄色(♯E3DFA8)矩形，比舞台略大，延长帧至第 86 帧，如图 4-43 所示。

图 4-43　绘制背景

(2)新建"片名"图层，用"矩形工具"在舞台上方绘制黄色(♯FFCC33)矩形，接着输入文本"十大健康好习惯"，如图 4-44 所示。

图 4-44　创建片名

(3)选择黄色色块和片名，按"F8"键将其转换成名为"片名"的影片剪辑元件，如图 4-45 所示。接下来给元件添加滤镜，打开"属性"面板，单击滤镜下方的"＋"号(见图 4-46)，选择"投影"，并在"投影"属性面板中进行设置，具体数值如图 4-47 所示。

图 4-45　创建影片剪辑元件

图 4-46　添加滤镜

图 4-47　设置滤镜参数

(4)在第 9 帧插入关键帧,将"片名"元件移至画面正中间,在第 11 帧、第 12 帧、第 13 帧、第 14 帧插入关键帧,将第 9 帧内的片名往下移,如图 4-48 所示。在第 1 帧与第 11 帧之间创建传统补间,将第 12 帧、第 14 帧的片名略下移,制作片名弹跳的动画效果,如图 4-49 所示。

图 4-48　插入多个关键帧

图 4-49　创建片名弹跳的动画效果

(5)在第 19 帧、第 28 帧插入关键帧,将第 28 帧的元件上移至舞台外,在第 19 帧与第 28 帧之间创建传统补间,制作片名上移的效果,在第 29 帧插入空白关键帧,如图 4-50 所示。

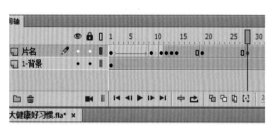

图 4-50　制作片名上移效果

2.制作动画片段一

（1）新建"1-开窗通风"图层，绘制四边形，按"F8"键将其转换成名为"1-开窗通风"的图形元件。双击元件进入编辑状态，将图层名字改为"底色"，延长帧至第 47 帧，如图 4-51 所示。

（2）打开"库"面板，双击进入"女孩站立"元件，复制造型，然后进入"1-开窗通风"元件，新建图层"女孩"，将女孩站立的造型粘贴在该层的第 1 帧，如图 4-52 所示。

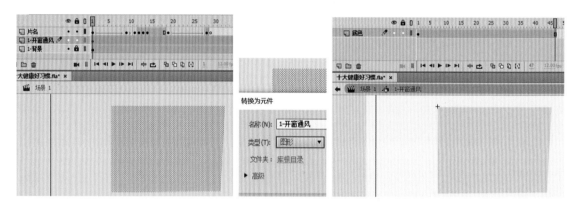

图 4-51　创建"1-开窗通风"图形元件

图 4-52　复制造型

（3）新建图层"窗"，绘制窗框和窗户，如图 4-53 所示。在第 3 帧插入关键帧，双击组合左窗，进入编辑状态，选择"任意变形工具"，再选择工具栏下方的"扭曲"，将左窗进行变形，如图 4-54 所示。用同样的方法对右窗进行变形，创建刚刚推开窗的效果，如图 4-55 所示。

图 4-53　绘制窗户

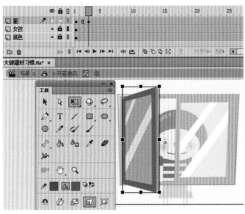

图 4-54　调整左窗形状　　　　　　　　　　图 4-55　调整右窗形状

(4)在第 5 帧、第 7 帧插入关键帧,继续调整窗户的形状,使窗户呈现逐渐被推开的效果,如图 4-56 所示。在第 11 帧、第 13 帧插入关键帧,两扇窗几乎被推平,如图 4-57 所示。

图 4-56　窗户逐渐被推开

(5)依次在第 15 帧、第 17 帧、第 19 帧插入关键帧,调整窗户的动态效果,如图 4-58 所示。

(6)在图层"女孩"的第 5 帧插入关键帧,将人物造型整体上移,编辑双手抬起推窗的动态,在第 7 帧插入关键帧,将人物造型整体放大,如图 4-59 所示。在第 9 帧插入关键帧,将人物形象稍微放大,将第 1 帧复制

图 4-57　窗户逐渐被推平

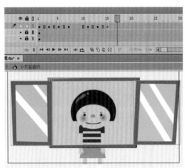

图 4-58　调整窗户的动态效果

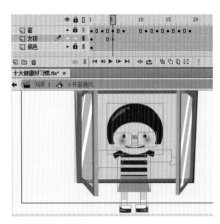

图 4-59　制作角色推窗的动作

粘贴至第 11 帧,如图 4-60 所示。

　　(7)在第 21 帧插入关键帧,将女孩头部造型稍微下移;在第 23 帧插入关键帧,女孩头部造型继续下移;在第 25 帧插入关键帧,将女孩头部造型稍微上移,如图 4-61 所示。

　　(8)在第 29 帧插入关键帧,修改角色眼眉造型,将鼻子微调短,嘴巴微上移,制作女孩陶醉的状态。在第 31 帧、第 33 帧、第 35 帧、第 37 帧插入关键帧,将第 31 帧、第 35 帧内的女孩造型微上移,同时调整这两帧中女孩鼻子的造型,稍微向上拉长,如图 4-62 所示。

　　(9)将第 11 帧的女孩造型复制粘贴到第 39 帧,如图 4-63 所示。

图 4-60　完成角色推窗动作

图 4-61　头部上下移动

图 4-62　制作女孩呼吸新鲜空气的动态

图 4-63　复制并粘贴帧

（10）接着隐藏女孩的腿部。新建图层"遮罩"，复制"底色"图层中的灰色色块，粘贴至"遮罩"层的当前位置，给图层"女孩"添加遮罩层，创建遮罩效果，如图 4-64 所示。

（11）单击 <img> 场景 1，返回场景 1，将图层"1-开窗通风"的第 1 帧移至第 19 帧，在第 28 帧插入关键帧，将第 19 帧的元件移至舞台下方，在两帧之间创建传统补间，如图 4-65 所示。

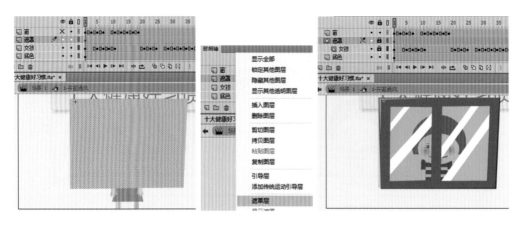

图 4-64　制作图层遮罩效果

图 4-65　创建动画 1

(12)在图层"片名"的第 35 帧插入空白关键帧,在窗框上方输入文字"1. 经常开窗通风",如图 4-66 所示。

(13)在图层"1-开窗通风"的第 71 帧、第 78 帧插入关键帧,选择第 78 帧内的元件,将"属性"面板中的 Alpha(透明度)设置为"0",并在两帧之间创建传统补间,如图 4-67 所示。

图 4-66　添加片段一文字　　　　　　　　　　　　图 4-67　制作片段一出画效果

(14)选择第 19 帧内的元件,设置循环的选项"单帧""第一帧:1"。选择第 28 帧内的元件,设置循环的选项"播放一次""第一帧:1",如图 4-68 所示。继续选择第 71 帧内的元件,设置循环的选项"单帧""第一帧:

1"。至此,动画片段一全部完成。

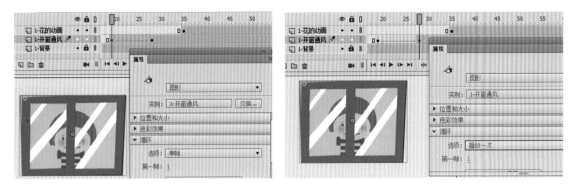

图 4-68　设置帧循环

3. 制作动画片段二

(1)新建"2-女孩"图层,在第 75 帧插入空白关键帧,并将"库"中的"女孩站立"元件拖拽至舞台,调整尺寸和位置,与图层"1-开窗通风"中女孩形象完全重合,如图 4-69 所示。

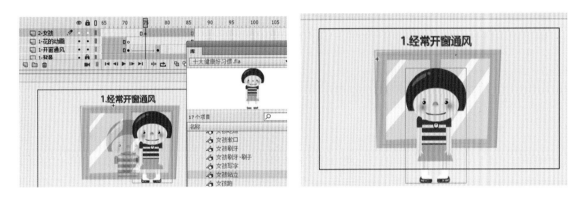

图 4-69　两个图层中的女孩形象完全重合

(2)在第 80 帧、第 86 帧插入关键帧,将第 75 帧内元件的 Alpha 设置为"0",如图 4-70 所示。在"片名"图层的第 71 帧插入空白关键帧。将第 86 帧内的元件缩小,并创建传统补间,如图 4-71 所示。

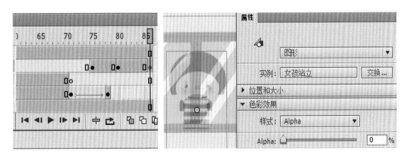

图 4-70　设置元件的透明度　　　　　　　　图 4-71　缩小元件

(3)新建"2-背景"图层,在第 80 帧插入空白关键帧,绘制背景图,并将背景图转换成名为"2-背景"的图形元件,如图 4-72 所示。在第 86 帧插入关键帧,在关键帧之间创建传统补间,返回第 80 帧,把元件上移并调整 Alpha 为"0",如图 4-73 所示。

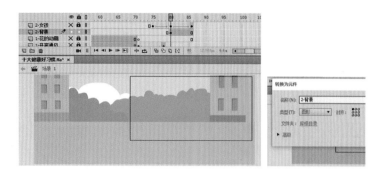 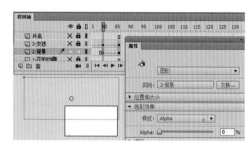

图 4-72　绘制片段二的背景　　　　　　　　　　　图 4-73　制作背景入画效果

（4）在第 117 帧、第 148 帧插入关键帧,将第 148 帧的背景元件右移至如图 4-74 所示的位置。在第 155 帧插入关键帧,上移背景元件,并在关键帧之间创建传统补间,如图 4-75 所示。

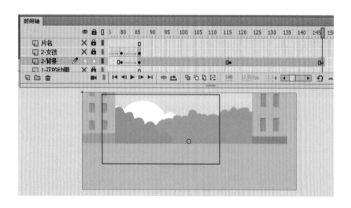 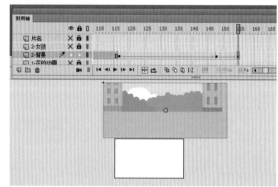

图 4-74　右移背景　　　　　　　　　　　　图 4-75　上移背景

（5）新建图层"2-父亲跑""2-妈妈跑",在第 86 帧插入空白关键帧,将"库"中"父亲跑""妈妈跑"元件拖拽至相应图层中,调整尺寸、位置,如图 4-76 所示。在两个图层的第 117 帧插入关键帧,将两个元件左移至如图 4-77 所示的位置,创建关键帧的传统补间。

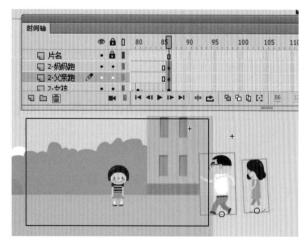  

图 4-76　添加父母亲跑步元件　　　　　　　　图 4-77　创建跑步动画

（6）在图层"2-女孩"的第 117 帧插入空白关键帧,将"库"中的"女孩跑"元件拖拽至舞台中,调整尺寸、位置,如图 4-78 所示。

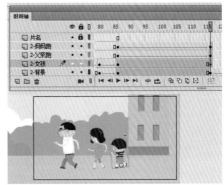

图 4-78　添加女孩跑步元件

(7)在"2-父亲跑""2-妈妈跑""2-女孩"这三个图层的第 148 帧插入关键帧。在这三个图层的第 155 帧插入关键帧,将元件上移至如图 4-79 所示的位置,并创建传统补间。

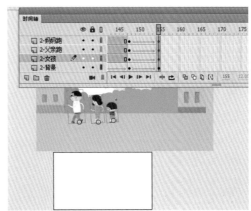

图 4-79　创建三个元件飞出舞台

(8)在图层"片名"的第 85 帧插入空白关键帧,在窗框上方输入文字"2.适量运动",文字是重叠效果,如图 4-80 所示,并在第 148 帧插入空白关键帧,完成动画片段二。

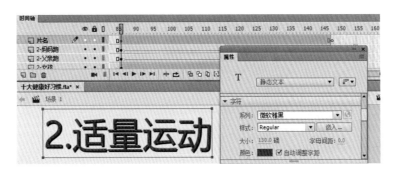

图 4-80　添加片段二文字

4. 制作动画片段三

(1)新建"3-背景"图层,在第 148 帧插入空白关键帧,绘制背景,如图 4-81 所示。将背景转换成名为"3-背景"的图形元件,在第 216 帧插入关键帧,如图 4-82 所示。

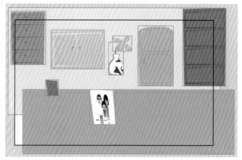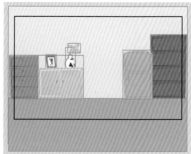

图 4-81　绘制片段三的背景

图 4-82　将背景转换为图形元件并插入关键帧

（2）新建"3-父亲看报"图层，在第 155 帧插入空白关键帧，将"库"中"父亲看报"元件拖拽至舞台，调整尺寸、位置，如图 4-83 所示。在第 162 帧插入关键帧，将"父亲看报"元件移至如图 4-84 所示的位置。

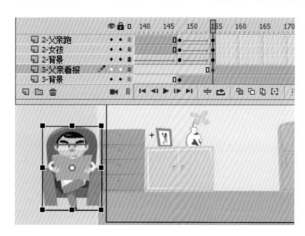

图 4-83　添加"父亲看报"元件　　　　　　　　　图 4-84　创建"父亲看报"的入画效果

（3）在第 164 帧、第 166 帧插入关键帧，将第 164 帧的元件向左微移，并创建传统补间，如图 4-85 所示。

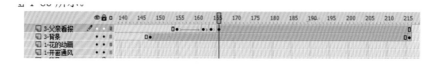

图 4-85　创建动画 2

（4）新建"3-女孩写字"图层，在第 166 帧插入空白关键帧，将"库"中"女孩写字"元件拖拽至舞台，调整尺寸、位置，如图 4-86 所示。在第 175 帧插入关键帧，将"女孩写字"元件左移至如图 4-87 所示的位置。在第 177 帧、第 179 帧插入关键帧，将第 177 帧的元件向右微移，并创建传统补间，如图 4-88 所示。

图 4-86　添加"女孩写字"元件

图 4-87　创建"女孩写字"入画效果

图 4-88　创建动画 3

（5）新建"3-妈妈炒菜"图层，在第 179 帧插入空白关键帧，将"妈妈炒菜"元件拖拽至舞台，调整尺寸、位置，如图 4-89 所示。在第 188 帧插入关键帧，将"妈妈炒菜"元件下移，如图 4-90 所示。

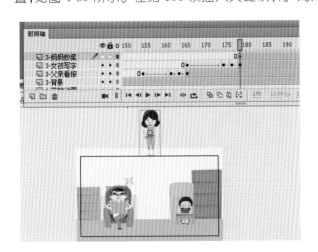

图 4-89　添加"妈妈炒菜"元件

图 4-90　创建"妈妈炒菜"入画效果

（6）在第 190 帧、第 192 帧插入关键帧，将第 190 帧的元件向上微移，并创建传统补间，如图 4-91 所示。

（7）在"3-父亲看报""3-女孩写字""3-妈妈炒菜"这三个图层的第 216 帧插入关键帧，在"3-背景""3-父亲看报""3-女孩写字""3-妈妈炒菜"这四个图层的第 218 帧、第 220 帧、第 226 帧插入关键帧。将第 118 帧四个图层的元件向下微移，将第 226 帧四个图层的元件上移，并创建传统补间，如图 4-92 所示。

（8）在图层"片名"的第 166 帧插入空白关键帧，在窗框上方输入文字"3.保持良好心态"，文字是重叠效果，如图 4-93 所示，并在第 216 帧插入空白关键帧，动画片段三完成。

（9）按"Ctrl＋S"组合键保存文件，发布动画进行测试，最终效果如图 4-94 所示。

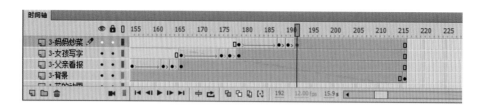

图 4-91　创建动画 4

图 4-92　创建四个元件移出舞台的效果

图 4-93　添加片段三文字

图 4-94　动画效果

>> → | 知识链接 | ......

逐帧动画

逐帧动画(frame by frame)是一种常见的动画形式,它的原理是在"连续的关键帧"中分解动画动作,也就是每一帧中的内容不同,连续播放而成动画,是最基本的动画形式。由于逐帧动画的每一帧都是独一无二的图片,对于需要细微变化的复杂动画来说,这种形式是很理想的。它的优势很明显,很适合于表演很细腻的动画,如 3D 效果、人物或动物急剧转身效果等。

1. 逐帧动画在时间轴上的表现形式

在时间轴上逐帧绘制帧内容称为逐帧动画,由于是一帧一帧地画,所以逐帧动画有很大的灵活性,几乎可表现任何内容。逐帧动画在时间轴上表现为连续出现的关键帧,如图 4-95 所示。

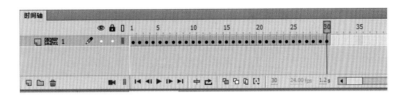

图 4-95　逐帧动画

2. 创建逐帧动画的几种方法

用导入的静态图片建立逐帧动画:将 JPG、PNG 等格式的静态图片连续导入 Animate 中,就会建立一段逐帧动画。

绘制矢量逐帧动画:用鼠标或压感笔在场景中一帧帧地画出帧内容。

文字逐帧动画:用文字作帧中的元件,实现文字跳跃、旋转等特效。

导入序列图像:可以导入 GIF 序列图像、SWF 动画文件或者利用第三方软件产生的动画序列。

3. 绘图纸功能

绘图纸是一个帮助定位和编辑动画的辅助功能,这个功能对制作逐帧动画特别有用。通常情况下,Animate 在舞台中一次只能显示动画序列的单个帧。使用绘图纸功能后,就可以在舞台中一次查看多个帧。如图 4-96 所示。这是使用绘图纸功能后的场景,可以看出,当前帧中内容用全彩色显示,其他帧内容以半透明显示,看起来好像所有帧内容是画在一张半透明的绘图纸上,这些内容相互层叠在一起。

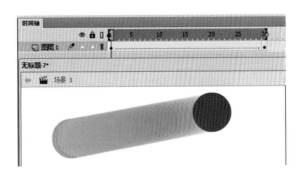

图 4-96　同时显示多帧内容

绘图纸各个按钮(见图 4-97)的介绍:

绘图纸外观按钮:按下此按钮后,在时间轴的上方,出现绘图纸外观标记。拉动外观标记的两端,可以扩大或缩小显示范围。

绘图纸外观轮廓按钮:按下此按钮后,场景中显示各帧内容的轮廓线,填充色消失,特别适合观察对象轮廓,另外可以节省系统资源,加快显示过程。

编辑多个帧按钮：按下后可以显示全部帧内容，并且可以多帧同时编辑。

修改标记按钮：有以下两个选项。"总是显示标记"选项，会在时间轴标题中显示绘图纸外观标记，无论绘图纸外观是否打开。"锚定绘图纸"选项，会将绘图纸外观标记锁定在它们在时间轴标题中的当前位置。

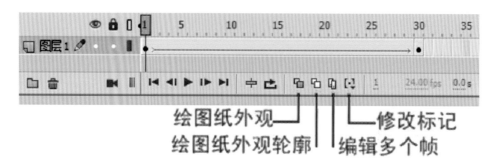

图 4-97　绘图纸按钮

　知识链接

骨骼动画

1. 反向运动

反向运动(IK)是一种使用骨骼对对象进行动画处理的方式，这些骨骼按照父子关系连接成线性或枝状的骨架，当一个骨骼移动时，与其连接的骨骼也发生相应的移动。使用反向运动可以方便地创建自然运动，若要使用反向运动进行动画处理，只需要在时间轴上制定骨骼的开始和结束位置，Animate 将自动在起始帧和结束帧之间对骨架中骨骼的位置进行内插处理。一般使用 IK 的方式有两种：

(1)使用形状作为多块骨骼的容器。例如，可以向蛇的图画中添加骨骼，使其逼真地爬行，可以在"对象绘制"模式下绘制这些形状。

(2)将元件实例连接起来。例如，可以将显示躯干、手臂和手的影片剪辑连接起来，以使其彼此协调而逼真地移动。每个实例都只能有一个骨骼。

2. 元件创建骨骼动画

在 Animate 中，可以向影片剪辑、图形和按钮实例添加 IK 骨骼，文本需转换为元件后使用。在添加骨骼之前，元件可以位于不同的图层上，Animate 将它们添加到姿势图层上。姿势图层是在给元件或者形状添加骨骼时，Animate 在时间轴上为它们自动创建的新图层，如图 4-98 所示。

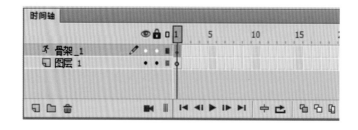

图 4-98　添加姿势图层

元件创建骨骼动画的操作步骤如下：

（1）在舞台上创建元件实例。

（2）从工具面板中选择骨骼工具。

（3）单击骨架根骨的元件，单击想要将骨骼附加到元件的点。

（4）将鼠标拖动至另一个元件，然后在想要附加该元件的点松开鼠标按键（见图4-99）。

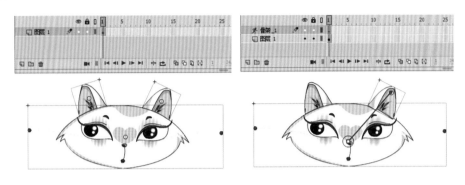

图 4-99　元件创建骨骼动画

（5）要向该骨架添加其他骨骼，请从第一个骨骼的尾部拖动鼠标至下一个元件。

（6）要创建分支骨架，请单击希望分支由此开始的现有骨骼的头部，然后，拖动鼠标以创建新分支的第一个骨骼。

（7）调整已完成骨架的元素的位置必须拖动骨骼或元件自身。在拖动骨骼时，骨骼会移动其关联的元件，但不允许该元件相对于其骨骼旋转。

3. 形状创建骨骼动画

在 Animate 中，除了元件，还可以对形状添加骨骼，单个形状或一组形状皆可，前提是先选择所有形状，然后才能添加第一个骨骼。在添加了骨骼之后，软件将所有形状和骨骼转换为一个 IK 形状对象，并将该对象移至一个新的姿势图层。

在将骨骼添加到一个形状后，该形状将具有以下限制：不能将一个 IK 形状与其外部的其他形状进行合并；不能使用任意变形工具对该形状进行旋转、缩放和倾斜操作；不建议编辑形状的控制点。

形状创建骨骼动画的具体操作如下：

（1）在舞台上绘制形状，并选择形状，如图4-100所示。

（2）在工具面板中选择骨骼工具。

（3）使用骨骼工具，在该形状内单击并拖动到该形状内的另一个位置，如图4-101所示。

图 4-100　绘制形状

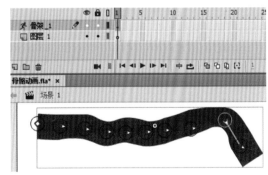

图 4-101　形状创建骨骼动画

（4）若要添加其他骨骼，请从第一个骨骼的尾部拖动到形状内的其他位置。第二个骨骼将成为根骨骼的子级。例如，从肩膀到肘部再到腕部进行连接。

（5）要创建分支骨架，请单击分支由此开始的现有骨骼的头部，然后，拖动鼠标以创建新分支的第一个骨骼。骨架可以具有所需数量的分支，分支不能连接到其他分支（其根部除外）。

（6）若要移动骨架，请使用选择工具选择 IK 形状对象，然后拖动任意骨骼以移动它们。

4.人物骨骼制作

（1）新建 Animate 文档，选择 ActionScript 3.0。

（2）在图层 1 第 1 帧，使用绘图工具绘制头部并按"F8"键将其转换为影片剪辑元件。

（3）选择"矩形工具"，在"属性"面板设置"矩形工具"的圆角参数，继续制作人物，如图 4-102 所示。

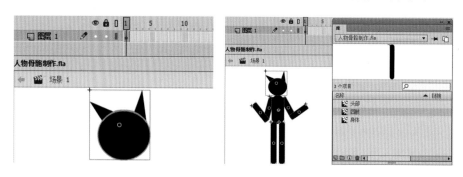

图 4-102　制作人物

（4）以人物颈部为中心点，选择骨骼工具，从颈部往头部拖动，生成一个骨架。

（5）用同样的方法，按照人物关节的运动规律，连接肩关节、肘关节、髋关节、膝关节等，创建骨骼，如图 4-103 所示。

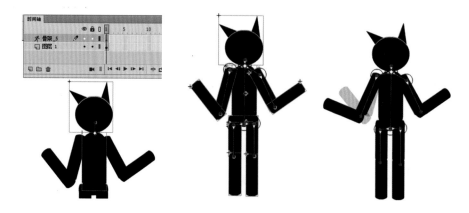

图 4-103　创建完整人物骨骼

（6）完成骨骼的创建，可以在骨架图层的任一帧插入关键帧，并调节人物的动作，制作连贯的角色骨骼动画。

实 训 四
● ○ ○

实训名称：成语故事动画设计。

实训目的：了解网络动画短片的制作流程和设计要领，掌握网络动画短片的制作技巧与方法，独立完成该实训。

实训内容:自选一个成语故事,并请参考图4-104所给出的《任重道远》分镜,结合本章所讲解的内容进行成语故事短片设计制作练习。

实训要求:至少两个角色,每个角色必须有两个基本造型,同时短片中的场景要表现出三个角度。角色配音、字幕要求完整。

实训步骤:设计角色和场景造型;制作角色动态;创建动画;制作字幕;添加声音。

实训向导:角色动画一般多使用逐帧动画,多运用绘图纸相关功能调整动画的衔接和流畅性。

图4-104 成语故事《任重道远》镜头画面

实训五

实训名称:创意动画短片制作。

实训目的:了解创意动画短片的制作流程和设计要领,掌握创意动画短片的制作技巧与方法,独立完成该实训。

实训内容:自选主题,并参考图4-105所给出的《灭火》分镜,进行创意动画短片设计制作练习。

实训要求:至少两个角色,角色造型完整,同时短片要表现出不同的场景,角色配音、字幕完整。

实训步骤:设计角色和场景造型;制作角色动态;创建动画;制作字幕;添加声音。

实训向导:动态细腻的角色一般多使用逐帧动画和骨骼绑定动画,运用绘图纸相关功能调整动画的流畅性。

图4-105 创意动画短片《灭火》镜头画面

Wangluo Donghua Sheji yu Guanggao Zhizuo

第五章
网络动画广告设计

通过网络动画广告设计制作,了解网络动画广告的特点与设计要点,掌握网络动画广告的设计规律和制作技巧。

对网络动画广告有初步认识,并能把握广告作品结构的完整性。

理解网络动画广告的设计原则和制作原理,并能灵活运用 Animate 制作网络动画广告。

能用多种表现方式进行网络动画广告制作,将知识转换为实践设计。

第一节
网络动画广告设计知识

一、网络动画广告概述

相比传统的广告和公关宣传,通过 Animate 进行产品宣传有着信息传递效率高、消费群体接受度高、宣传效果好的显著优势。

Animate 推广产品可以做到艺术性与商业性充分结合,要想将这种结合做好,首先要详尽了解进行推广的产品特性,关注产品的优势,做好 Animate 网络动画广告设计的准备工作。如何将客户需求和 Animate 结合得恰到好处呢? 第一,深刻了解客户的意图和项目最终目标;第二,抓住一个正确的创意点,由此延展开来,充分发挥想象,从多个角度考虑;第三,仔细审视最终的创意是否能正确体现产品或客户的意图。一旦创意确定,就可以开始进入真正的实施阶段,用不同的表现形式来考虑画面的效果。

网络动画广告正随着网络的发展而日渐正规,各站点或广告代理机构也把客户广告的点击率作为主要目标,让广告主的广告被充分点击才能延续站点的广告经营,而广告设计本身也可以作为站点的盈利项目之一。

二、网络动画广告的特点与设计要领

第一,重视广告的原创性,给观众以新颖的信息和信息传递方式。要在众多的广告中脱颖而出,凸显广告个性,达到最佳效果,就必须赋予网络动画广告独一无二的原创性。

第二,网络动画广告的风格要简洁,广告画面要做到重点突出、主次分明,在简单中表达关键思想。网络动画广告中的信息只有尽可能简单化,才更容易被广告受众理解和接受。

第三,强调广告的艺术性表现原则。有了绝妙的立意和构思后,要将图像、声音、文字、色彩、版面、图形等元素进行艺术性的组合设计。无论是静态或动态的广告,都应具有艺术美感的造型、独特的构图、和谐而鲜明的色彩等元素。对比、巧妙变形、形态重叠、重复组合、移花接木、隐形构成、淡入淡出等,都是经常使用的艺术手法,其目的就是在瞬间带给人们不一样的视觉感受,感染、打动每一位受众,艺术性地突出广告对象的核心价值。

第二节
网络动画广告——汽车篇

产品展示类的动画广告,是通过动感变化的方式向观众传递商品信息,如何在短暂时间内在观众心中留下深刻的印象?重点就是要表现出产品的特点,如外观、工艺、性能等方面。

一、案例分析

本例为一汽-大众"探影 TACQUA"系列的汽车广告,从汽车的外观、性能、安全等多角度来展现这款汽车的特点,运用图片的编辑、动画的节奏、质感的表现以及音效的处理,制作出适合主题的炫酷视觉效果。本例制作分为三个部分,首先制作汽车入画的动画效果,然后制作表现汽车特点的动画,最后制作品牌 logo 的动画进行点题,如图 5-1 所示。

图 5-1　汽车广告案例演示画面

二、操作步骤

1. 汽车入画制作

(1)执行"文件"→"新建"→"新建文档"命令,选择 ActionScript 3.0,设置宽为 800 像素、高为 600 像素,背景色为黑色,如图 5-2 所示,并保存为"汽车广告"的 FLA 格式的文件。

(2)将本例需要的图片素材"汽车图"导入到"库",如图 5-3 所示。

图 5-2　新建文档

图 5-3　导入素材

（3）将"图层 1"改名为"汽车"，将"库"中的素材"汽车图"拖拽至舞台中，调整大小，按"F8"键将素材转换为"汽车图"影片剪辑元件，如图 5-4 所示。在第 15 帧插入关键帧，选中第 1 帧中的对象，向右移至舞台右侧，属性的色彩效果 Alpha 值设为 0，为这两个关键帧创建传统补间，汽车呈现出逐渐显现的效果，如图 5-5 所示。

图 5-4　将"汽车图"转换为元件

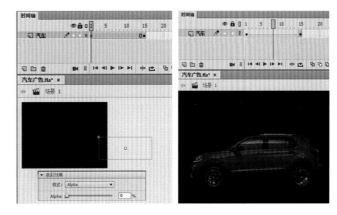
图 5-5　制作汽车渐显效果

（4）将当前图层的帧延长至第 275 帧。新建"模糊汽车"层，在第 15 帧插入空白关键帧，并将"库"面板的"汽车图"元件拖拽至舞台中，调整位置与大小。接下来给元件添加滤镜，打开"属性"面板，单击滤镜下方的"＋"号，选择"模糊"，并在"模糊"属性面板中进行设置，如图 5-6 所示，属性的色彩效果 Alpha 值为 50％。在第 25 帧插入关键帧，属性的色彩效果 Alpha 值设置为 20％，为这两个关键帧创建传统补间，制作渐隐效果，如图 5-7 所示。

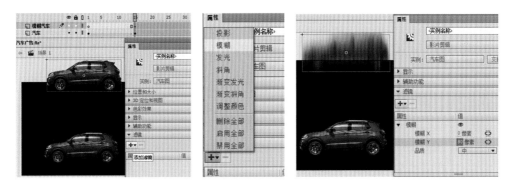
图 5-6　制作汽车的模糊效果

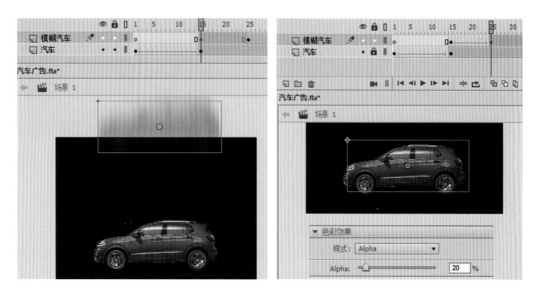

图 5-7　制作汽车渐隐效果

（5）接下来将这段动画复制两遍，选中第 15 帧至第 25 帧右键单击，在弹出的菜单中选择"复制帧"。右键单击第 26 帧，在弹出的菜单中选择"粘贴帧"，如图 5-8 所示。第一遍复制完毕，使用同样的方法继续复制第二遍，如图 5-9 所示。

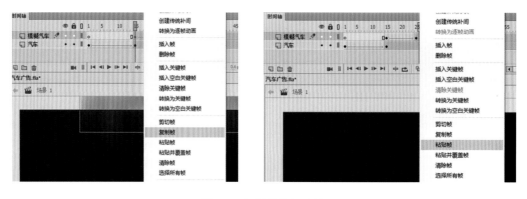

图 5-8　复制帧并粘贴帧

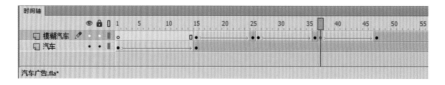

图 5-9　复制动画

（6）在第 60 帧插入关键帧，设置位置与大小，如图 5-10 所示。在第 47 帧和第 60 帧之间创建传统补间，如图 5-11 所示。

（7）在"模糊汽车"图层的第 61 帧插入空白关键帧。分别在"汽车"图层的第 60 帧和第 65 帧插入关键帧，将第 65 帧的汽车适当缩小，为这两个关键帧创建传统补间，如图 5-12 所示。

（8）接下来制作汽车倒影的效果。在第 66 帧插入关键帧，并将当前对象进行复制，接着打开"修改"→"变形"→"垂直翻转"，在属性面板中设置对象 Alpha 值为 10%，如图 5-13 所示。

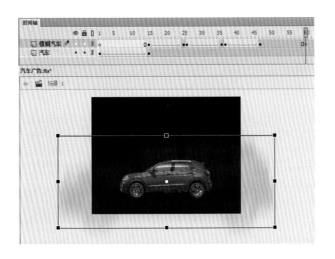

图 5-10　设置对象的位置与大小　　　　图 5-11　创建动画

图 5-12　创建汽车缩小动画　　　　　　图 5-13　制作汽车倒影效果

（9）在"汽车"层下方新建"底色"层，并在第 66 帧插入空白关键帧，绘制与舞台重合的黑色矩形（宽 800 像素、高 600 像素），如图 5-14 所示。

（10）在第 80 帧中插入关键帧，选中矩形，打开颜色面板，设定"径向渐变"，将默认的黑白渐变进行调整，左边控制点设置为浅蓝色，右边设定深蓝色。在第 80 帧和第 66 帧之间创建补间形状，实现矩形由黑色到蓝色的渐变效果，如图 5-15 所示。

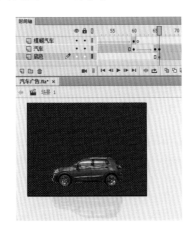

图 5-14　绘制黑色矩形　　　　　　　　图 5-15　制作底色的变化效果

2. 汽车特点动画制作

（1）新建"线1"层，在第80帧插入空白关键帧，选择"线条工具" ∕ 在舞台中绘制直线，如图5-16所示。新建"线1遮罩"，在第80帧插入空白关键帧，绘制黄色矩形，如图5-17所示。

图 5-16　绘制直线

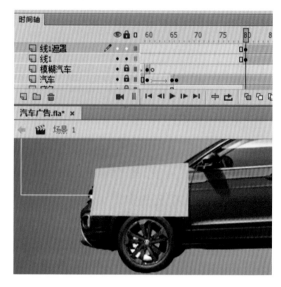

图 5-17　绘制矩形 1

（2）在第85帧插入关键帧，调整矩形，如图5-18所示。继续在第92帧插入关键帧，调整矩形，在第97帧插入关键帧，调整矩形至完全覆盖下一层的线条，如图5-19所示。

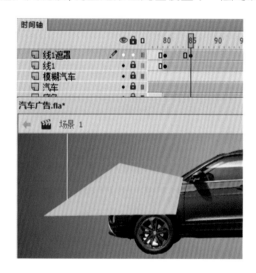

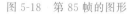

图 5-18　第85帧的图形

图 5-19　第92帧、第97帧的图形

（3）在第80帧和第97帧之间创建补间形状，完成动画效果。右键单击"线1遮罩"层，选择下拉菜单中的"遮罩层"。这时"线1遮罩"层和"线1"层会变成遮罩层与被遮罩层的关系，制作出线条渐渐出现的效果，如图5-20所示。

（4）新建"色块"层，在第98帧插入空白关键帧，在舞台中绘制矩形，填充颜色为白色，颜色的 Alpha 值为20％，如图5-21所示。继续在第104帧插入关键帧，将矩形拉大，在第98帧和第104帧之间创建补间形状，如图5-22所示。

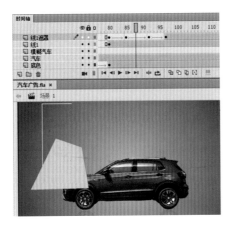

图 5-20　制作遮罩效果

图 5-21　绘制白色透明矩形　　　　　　　　　图 5-22　制作矩形动画效果

（5）新建"广告文本 1"层，在第 105 帧插入空白关键帧，在舞台中输入文本，并在"字符"面板中调整文本属性，为了增强文本的层次感，将文本复制一个，颜色调整为黑色，并移至如图 5-23 所示的位置。紧接着输入说明性文本，并且调整文本字号、字体及颜色，如图 5-24 所示。

图 5-23　输入文本并调整属性　　　　　　　　图 5-24　输入说明性文本

（6）新建"文本 1 遮罩"层，在第 105 帧插入空白关键帧，在舞台中绘制任意颜色矩形，如图 5-25 所示。在第 115 帧插入关键帧，将矩形放大到能覆盖下层文本，如图 5-26 所示。继续在第 130 帧和第 140 帧插入关键帧，将第 140 帧的矩形缩小至第 105 帧的尺寸，如图 5-27 所示。在第 105 帧和第 115 帧之间创建补间形状，在第 130 帧和第 140 帧之间创建补间形状。

图 5-25　绘制矩形 2

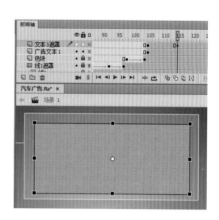

图 5-26　拉大矩形

图 5-27　缩小矩形

（7）右键单击"文本 1 遮罩"层，选择下拉菜单中的"遮罩层"，使"文本 1 遮罩"层和"广告文本 1"层变成遮罩与被遮罩的关系，制作出广告文本渐显的效果，如图 5-28 所示。

（8）在"色块"层的第 140 帧、第 146 帧插入关键帧，将第 146 帧的矩形缩小，在第 140 帧和第 146 帧之间创建补间形状，接着在第 147 帧插入空白关键帧，如图 5-29 所示。同时也在"文本 1 遮罩"层、"广告文本 1"层的第 141 帧插入空白关键帧。

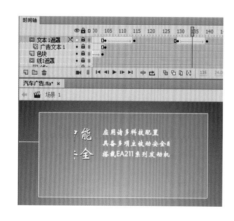

图 5-28　创建文本遮罩效果

图 5-29　制作色块出画的效果

（9）先对"线 1 遮罩"层解锁，接着在第 146 帧和第 154 帧插入关键帧，将第 154 帧的对象移至如图 5-30 所示的位置，在第 146 帧和第 154 帧之间创建补间形状。将"线 1 遮罩"层锁定，预览遮罩后的效果，最后在两个图层的第 155 帧插入空白关键帧,如图 5-31 所示。

图 5-30　创建补间

图 5-31　创建遮罩效果

(10)接下来制作第二段广告文本以动态形式逐渐出现的动画,由于制作方法和第一段文本是一样的,这里就不再重复,第二段广告文本的效果如图 5-32 所示。

(11)新建"黑屏"层,在第 213 帧插入空白关键帧,绘制黑色矩形(宽 800 像素、高 600 像素),在颜色面板中,将 Alpha 值设置为 0,接着在第 228 帧插入关键帧,将 Alpha 值设置为 100%,创建补间形状,制作画面变暗的效果,如图 5-33 所示。

图 5-32　第二段文本动画效果

图 5-33　制作画面渐暗的效果

3. 汽车 logo 动画制作

(1)新建图层"探影 TACQUA",在第 229 帧插入空白关键帧,在舞台居中位置输入文本"探影 TACQUA"(白色、黑体),并将文本转换成名为"探影"的影片剪辑元件,如图 5-34 所示。

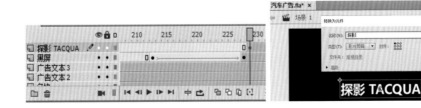

图 5-34　创建"探影"影片剪辑元件

(2)分别在第 233 帧、第 244 帧、第 252 帧、第 256 帧插入关键帧,在第 229 帧和第 244 帧之间创建传统补间,在第 252 帧和第 256 帧之间创建传统补间。在第 229 帧中,将元件"探影"移至画面右边,调整 Alpha 值为 0,并添加滤镜的模糊效果,如图 5-35 所示。

(3)在第 233 帧中,调整元件"探影"的 Alpha 值为 60%,如图 5-36 所示。在第 244 帧、第 252 帧中,调整元件"探影"Alpha 值为 100%,不添加滤镜效果,如图 5-37 所示。在第 256 帧中,将元件"探影"进行变形,宽为 900 像素,高为 7 像素,调整 Alpha 值为 0,并调整滤镜的模糊值,如图 5-38 所示。

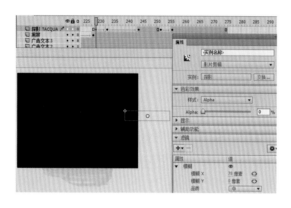
图 5-35　第 229 帧元件的属性

图 5-36　第 233 帧元件的属性

图 5-37　第 244 帧元件的属性

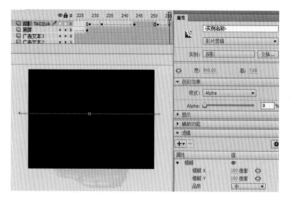
图 5-38　第 256 帧元件的属性

(4)新建图层"企业 logo",在第 257 帧插入空白关键帧,将本例需要的图片素材"logo"导入到舞台中间位置,调整大小,并将其转换成名为"logo"的影片剪辑元件,如图 5-39 所示。

图 5-39　将导入的 logo 素材转换为元件

(5)在第 257 帧中,将元件"logo"进行变形,宽 470 像素,高 165 像素,调整 Alpha 值为 0,并调整滤镜的模糊值,如图 5-40 所示。创建传统补间,并观看动画效果,如图 5-41 所示。

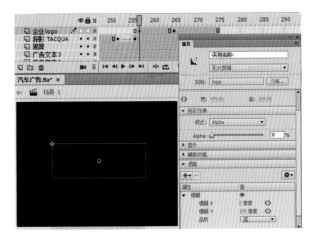

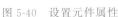

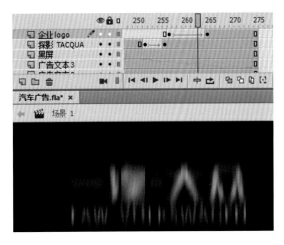

图 5-40　设置元件属性

图 5-41　创建"logo"的动画效果

4. 添加背景音乐和音效

(1)动画部分全部完成,接下来添加声音。执行"文件"→"导入"→"导入到库"命令,选择要导入的 sound1、sound2、sound3、sound4 声音文件,如图 5-42 所示。新建"音乐 1"层,在第 13 帧插入空白关键帧,将"库"中的"sound1"拖拽至舞台,图层的帧中出现音波,在属性中设置"同步:数据流;重复×1",如图 5-43 所示。

图 5-42　导入声音文件

图 5-43　添加音乐"sound1"

(2)新建"音乐 2"层,在第 58 帧插入空白关键帧,将"库"面板中的"sound2"添加到图层的帧中,在属性中设置"同步:数据流;重复×2",如图 5-44 所示。

(3)新建"音乐 3"层,将"库"面板中的"sound3"添加到第 1 帧中,为动画开头添加音效,在属性中设置"同步:数据流;重复×1",如图 5-45 所示。在第 233 帧插入关键帧,将"sound4"添加到这一帧,为动态文字添加音效,属性设置"同步:数据流;重复×1",如图 5-46 所示。在第 257 帧插入关键帧,再次将"sound3"添加到这一帧,属性中设置"同步:数据流;重复×1",如图 5-47 所示。

(4)最后,执行"控制"→"测试",或按"Ctrl＋Enter"组合键测试汽车广告的最终效果,如图 5-48 所示。

图 5-44　添加音乐"sound2"

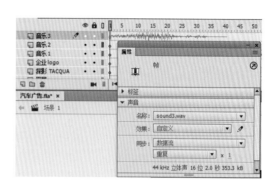

图 5-45　添加开头音效"sound3"

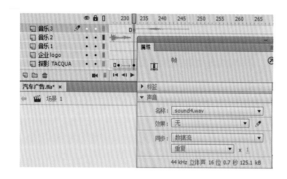

图 5-46　添加文字音效"sound4"

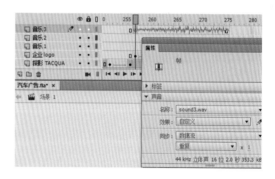

图 5-47　添加 logo 音效"sound3"

图 5-48　汽车广告最终效果

（2）遮罩的作用。

在 Animate 动画中，遮罩主要有两种用途：一是用于整个场景或某个特定区域，使场景外的对象或特定区域外的对象不可见；二是用来遮罩某一元件的一部分，从而实现一些特殊的效果。

2. 创建遮罩

（1）创建遮罩的方法。

在 Animate 中遮罩层其实是由普通图层转化的，只要在某个图层上单击右键，在弹出的菜单中选择"遮罩层"，该图层就会生成遮罩层，层图标就会从普通层图标 🗀 变为遮罩层图标 ◨ ，系统会自动把遮罩层下面

>→ | **知识链接** | ......

遮罩动画

1. 遮罩动画的概念

（1）什么是遮罩？

遮罩动画是 Animate 中的重要的动画类型，很多效果丰富的动画都是通过遮罩动画来完成的。在 Animate 图层中有一个遮罩图层类型，为了得到特殊的显示效果，可以在遮罩层上创建一个任意形状的"视窗"，遮罩层下方的对象可以通过该"视窗"显示出来，而"视窗"之外的对象将不会显示。

的一层关联为"被遮罩层",在缩进的同时图标变为 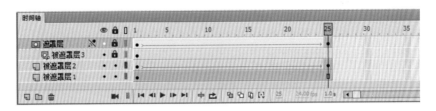,如图 5-49 所示。如果想关联更多被遮罩层,只要把这些层拖到被遮罩层下面就行了。

图 5-49　遮罩图层

(2)构成遮罩和被遮罩层的元素。

遮罩层中的图形对象在播放时是看不到的,遮罩层中的内容可以是元件、文字等,但不能使用线条,如果一定要用线条,可以将线条转化为"填充"。被遮罩层中的对象只能透过遮罩层中的对象才能被看到。被遮罩层可使用元件、位图、文字。

(3)遮罩中可以使用的动画形式。

可以在遮罩层、被遮罩层中分别或同时使用补间动画、引导线动画等动画手段,从而使遮罩动画变成一个可以施展无限想象力的创作空间。

3. 制作文本逐渐显示效果

(1)新建文档,参数设置为宽 550 像素、高 400 像素,背景色为白色。将"图层 1"改名为"文字",在舞台中输入"网络动画设计与广告制作",在"属性"面板中设置文字参数,如图 5-50 所示。

(2)新建"形状变化"层,使用"矩形工具" 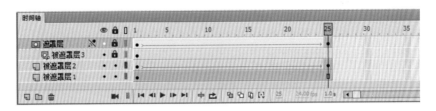 在文本的左边绘制如图 5-51 所示的矩形。在第 30 帧插入关键帧,并使用"任意变形工具" 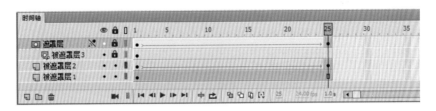 将矩形拖放至如图 5-52 所示的效果。

图 5-50　输入文本

图 5-51　绘制矩形

图 5-52　编辑矩形

(3)右键单击"形状变化"层,选择"遮罩层",当前图层和"文字"图层会转换为遮罩与被遮罩的关系,如图 5-53 所示。

图 5-53　创建遮罩

>>>> | 知识链接 | ......

耀光特效制作

(1)新建文档,文件设置为宽 550 像素、高 400 像素,背景色为黑色。执行"插入"→"新建元件"命令,新建一个图形元件,名称为"网络广告设计"。单击工具箱中的"文本工具" T ,在舞台中输入"网络广告设计"六个字,在"属性"面板中设置文字参数,如图 5-54 所示。

(2)选中文本,单击右键,连续单击 2 次"分离",把文本打散,再选择"颜料桶工具" ,把文字填充成红色。各个步骤的文字效果如图 5-55 所示。

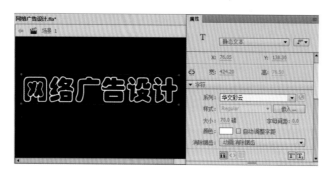

图 5-54　输入文本并设置参数　　　　　　　　　　图 5-55　分离文本并填充颜色

(3)执行"插入"→"新建元件"命令,新建一个图形元件,名称为"辉光"。执行"窗口"→"颜色"命令,打开"颜色"面板,设置类型为"线性渐变",将三个色标全部设置为白色,第一个和第三个的"A"值为 0,中间的为 80%,接着在舞台中画一个无边框矩形,如图 5-56 所示。

(4)单击 场景1 按钮,切换到主场景,将"图层 1"改名为"底层文字",在第 35 帧单击右键插入帧,这一层起显示文字的作用,如图 5-57 所示。

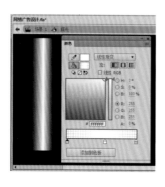

图 5-56　渐变填充设置　　　　　　　　　　图 5-57　延长帧

(5)新建一个"辉光"图层,从"库"面板中把"辉光"元件拖到舞台中,放在"网络广告设计"文字的左边。选择"任意变形工具" ,将鼠标放在"辉光"元件实例的任意一角,拖动鼠标旋转一定角度,使"辉光"元件实例产生一定的倾斜度,如图 5-58 所示。在第 35 帧插入关键帧,在第 35 帧把"辉光"元件实例拖到"网络广告设计"文字的右边,在第 1 帧和第 35 帧之间创建传统补间,如图 5-59 所示。

(6)新建一个名为"遮罩层"的图层,先复制"底层文字"层的对象,然后选择"遮罩层"的第 1 帧,并在舞台区域单击右键执行"粘贴到当前位置"命令。继续选中"遮罩层",并单击鼠标右键,选择"遮罩层",如图 5-60 所示。

提示:在遮罩动画中,遮罩层只显示外框形状变化,不显示颜色的变化。

图 5-58　确定起点位置　　　　　　　　　　　图 5-59　确定终点位置

（7）"网络广告设计"这个动画已经完成，按"Ctrl＋Enter"组合键发布动画进行测试，最终效果如图 5-61 所示。

图 5-60　创建遮罩　　　　　　　　　　　　图 5-61　耀光效果

 知识链接

动画中声音的运用

1. 声音的导入

声音导入后，只有在"库"面板中才会显示，作品的时间轴上并不会出现声音，接下来将声音文件加入到作品的时间轴上。

（1）执行"文件"→"导入"→"导入到库"命令，将外部声音导入当前影片文档的"库"面板中，选择要导入的声音文件，将声音导入，如图 5-62 所示。

（2）可以在"库"面板中看到刚导入的声音，如图 5-63 所示。

图 5-62　导入声音文件　　　　　　　　　　图 5-63　声音在"库"面板显示

（3）选择"图层 1"的第 1 帧，然后将"库"面板中的声音文件拖放到舞台中，如图 5-64 所示，"图层 1"的第 1 帧出现了一小段音波，表示已成功将声音引用到第 1 帧中，按下快捷键"Ctrl＋Enter"测试加入的音效。

图 5-64　声音引用到第 1 帧

（4）在第 6 帧按"F5"键，将帧延长，该声音文件的整段音波都显示出来，如图 5-65 所示。

图 5-65　声音的完整显示

2. 声音的属性设置

所谓属性设置，就是音乐导入之后，对它进行初级设置。选择声音图层的第 1 帧，打开属性面板，可以发现，原来属性面板上有很多设置和编辑声音对象的参数，如图 5-66 所示。

"循环"功能在制作动画中很少用到，而"同步"列表框下的项目必须着重了解。打开"同步"下拉列表，这里可以设置"事件"、"开始"、"停止"和"数据流"四个同步选项，如图 5-67 所示。

图 5-66　声音属性面板　　　　　　　　图 5-67　"同步"下拉列表

"事件"："事件"选项会将声音和一个事件的发生过程进行同步。事件声音在它的起始关键帧开始显示时播放，并独立于时间轴播放完整个声音，即使 SWF 文件停止也继续播放。

"开始"：如果声音正在播放，使用"开始"选项则不会播放新的声音实例。

"停止"："停止"选项将使指定的声音静音。

"数据流"："数据流"选项将同步声音，强制动画和音频流同步。与事件声音不同，音频流随着 SWF 文件的停止而停止。

3. 声音的编辑

虽然 Animate 处理声音的能力有限,没有办法和专业的声音处理软件相比,但是在 Animate 内部还是可以对声音做一些简单的编辑,实现一些常见的功能,比如控制声音的播放音量、改变声音开始播放和停止播放的位置等。

编辑声音文件,首先要在帧中添加声音,或选择一个已添加了声音的帧。打开"属性"面板,单击右边的"编辑"按钮,弹出如图 5-68 所示的"编辑封套"对话框。

在"编辑封套"对话框中可以执行以下操作,效果如图 5-69 所示。

(1)要改变声音的起始点和终止点,请拖动"编辑封套"中的时间控件,调整开始时间和停止时间。

(2)要更改声音封套,请拖动封套线手柄来改变声音中不同点处的级别。封套线显示声音播放时的音量。单击封套线可以创建其他封套线手柄,要删除封套线手柄,请将其拖出窗口。

(3)单击"放大" 或"缩小" 按钮,可以改变窗口中显示声音的范围。

(4)要在秒和帧之间切换时间单位,请单击"秒" 或"帧" 按钮。

(5)单击"播放" 按钮,可以听编辑后的声音。

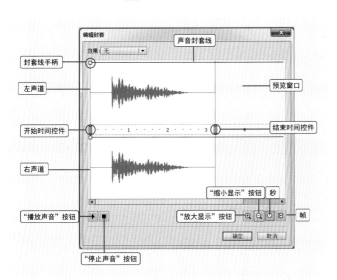

图 5-68　"编辑封套"对话框

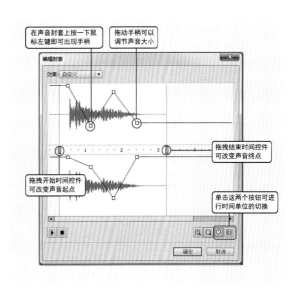

图 5-69　编辑声音

实 训 六
○　○　○

实训名称:餐饮广告设计。

实训目的:要求能够准确地体现出餐厅的定位和档次,吸引食客,主题明确突出,制作精美,起到宣传和扩大品牌知名度的作用。

实训内容:为某一快餐品牌设计抢先预订广告。

实训要求:广告的风格、节奏、调性要符合消费者的需求,熟练运用软件制作矢量图和逐帧动画。

实训步骤:先构思,确定广告形式、风格、调性;接着分层进行动画制作;最后调整节奏。

实训向导:模拟读者的视角进行制作,用简洁的画面、轻快的节奏表现广告内容。实例画面如图 5-70 所示。

图 5-70　维客多广告

实 训 七
○　　○　　○

实训名称:产品演示广告设计。

实训目的:掌握产品演示广告的制作方法和技巧,学会独立完成产品广告设计。

实训内容:为某一电子产品制作演示动画广告,展示产品的特点。

实训要求:多角度展现电子产品的特点,如产品的质感、产品的造型、产品的功能等。

实训步骤:首先对广告结构进行构思,准备好图片素材和声音素材,接着对构图和界面进行草图设计,然后进行分段制作,最后添加音效、背景音乐并进行局部调整。

实训向导:模拟读者的视角进行制作,在有限的时间内用简洁的画面表现出该产品的特点。实例画面如图 5-71 所示。

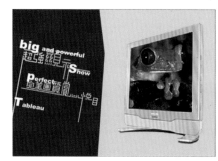  

图 5-71　产品演示广告

Wangluo Donghua Sheji yu Guanggao Zhizuo

第六章
移动端动画广告设计

> **任务概述**

通过移动端动画广告设计制作,了解移动端动画广告特点与设计要点,掌握移动端动画广告的设计规律和制作技巧。

> **能力目标**

对移动端动画广告有初步认识,并能把握动画广告的特点和主题,提升综合实践能力。

> **知识目标**

理解移动端动画广告的设计原则和制作原理,并能灵活运用 Animate 制作移动端动画广告。

> **素质目标**

具备独立设计移动端动画广告的能力。

第一节
移动端动画广告设计知识

一、移动端动画广告概述

互联网的迅猛发展使移动端智能设备成为当代人生活中不可或缺的工具,手机移动端能够随时随地阅览有效信息,提高了广告信息传播的效率,手机成为人们日常生活的重要信息来源。广告商也将手机移动端作为主要的广告传播途径,常见的手机广告覆盖面也越来越广,如日常商品、游戏、资讯等,这些广告的表现方式包含了很多动画广告,移动端(手机)动画广告将是未来主流的广告趋势之一。

同时移动端的发展推动了竖屏广告的发展,竖屏是移动网络时代图文信息和视频信息的展示方式,淘宝、华为等各大品牌纷纷加入竖屏广告的潮流中。竖屏广告本身就是新媒体中移动端发展的产物,带有新媒体所蕴含的时代特征。

竖屏动画广告的特点是趣味化、可视化、简洁化,用简单的画面来展示复杂的信息,以达到通过内容使受众产生购买行为的核心目的,有更多的创意空间和表现形式。动画广告短小精悍的画面表达能力在竖屏中得到更为突出的表现。

竖屏动画广告作为新的形式,受具有人机交互功能的移动端载体特性的影响,其在叙事及创作方面展现出了对传统动画审美的挑战,形成了聚焦人物、"短平快"叙事和社交互动基因的特征。竖屏时代的动画广告设计,重构了以往的内容呈现方式,参与到各大品牌的推广和公益项目的宣传中。它的叙事模式、逻辑、镜头特点、构图与景别设计产生了独特语境,都是需要在设计中考虑的因素。

二、移动端动画广告的应用

(一)文化推广

近年来,各地的文化创意设计和产业蓬勃发展,移动端竖屏动画广告成了文化推广的大使,尤其以敦煌文创、故宫文创、腾讯新文创的动画广告为代表。

1. "敦煌动画"系列作品

　　2020年,敦煌研究院上线的竖屏动画"敦煌动画"系列作品,选择以微信小程序"云游敦煌"的方式进行展现,如图6-1所示。从作品的构图和文本来看,"敦煌动画"系列作品利用了竖屏狭长、视野局限的特点,对大型壁画进行了局部取景,同样也显现出竖屏动画节省成本的优势,让原本在壁画中同时呈现的内容更加具有线性叙事的特征,更适合以镜头语言进行叙事。"敦煌动画"系列作品由五个短小精悍的故事组成,不但有壁画角色的传神复刻、绘声绘色的文化故事科普,用户还可自行选择故事和角色尝试配音,合作完成故事配音,并进行社交分享。

　　该系列作品既轻松娱乐,又不失学术的严谨性,传承着敦煌的内在精神与艺术品质,这种文化的推广是潜移默化并且深入人心的。

图6-1　小程序"云游敦煌"的"敦煌动画"系列

2."穿越故宫来看你"H5 动画广告

"穿越故宫来看你"H5 动画广告是为腾讯和故宫博物院合作创新大赛——NEXT IDEA 做宣传推广,目的是将故宫的文化元素融入腾讯互动娱乐当中,以故宫博物院经典 IP 形象及相关传统文化内容为原型,围绕赛事主题、跨界合作和创新人才培养等方面,探索传统文化 IP 的活化模式。作品将古代场景和现代科技结合,采用逐帧动画进行播放,场景不断切换,配合 rap 说唱,通过场景与音乐配合展现较好的节奏感,带动观赏者的情绪,如图 6-2 所示。

图 6-2 "穿越故宫来看你"H5 动画广告

(二)商业广告

各行业都有移动端竖屏动画广告对品牌进行推广,如汽车行业、房地产行业、网服、服装、快消、数码、餐饮、医疗等。还有互联网行业的阿里巴巴、腾讯动漫、网易云音乐、携程、滴滴、美团、马蜂窝等,精彩作品亦是层出不穷,品牌和代理商们对竖屏广告的看好程度可见一斑。"百雀羚"竖屏动态广告是品牌中的佼佼者,它以图为主、动为辅的形式呈现,如图 6-3 所示。还有展现直观、情节有趣、造型简洁、动画流畅的牙科创意广告,如图 6-4 所示。

图 6-3　"百雀羚"竖屏动态广告

（三）公益广告

　　公益广告的特征是简洁朴素,具有很强的教育意义和象征意义。如我们熟悉的"讲文明、树新风""保护文化遗产""保护环境""保护珍稀动物""儿童有受教育权利"等主题。公益类竖屏动画广告多以动态海报为主,相对而言,镜头语言不是重点,主要在于突出对广告创意的表达,文案和广告语是不可或缺的部分。如图 6-5 所示为公益广告《拒绝使用一次性筷子》。

图 6-4　牙科动画广告

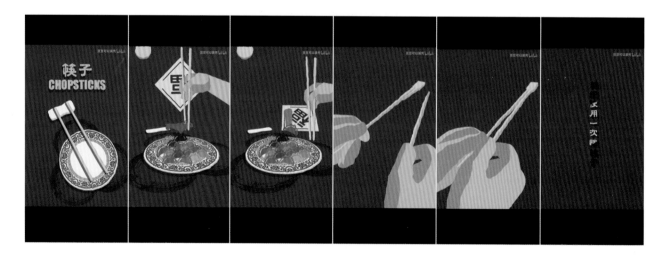

图 6-5　公益广告《拒绝使用一次性筷子》

三、移动端动画广告的设计要领

(一)移动端动画广告的构图特征

1. 迎合竖屏的构图

作品《日常生活》中有多个迎合竖屏形式的镜头,如图 6-6 所示。妈妈踮脚的镜头中只展示了凳子上高高叠起的一摞书,踮脚作为镜头中唯一的动态向上进行了几次重复。给蛋糕插蜡烛是一个近景镜头,手部从上向下为蛋糕插上蜡烛,而不是从前景入镜,蜡烛和蛋糕也形成了上下结构 。居住楼房的镜头也特意让楼房垂线平行于竖屏的取景框,形成了平视的平衡镜头。从这些构图方式可以看出竖屏构图已经逐渐脱离横屏构图的束缚,并正在形成竖式取景的方式。

图 6-6　影片《日常生活》的竖屏构图

2. 倾斜构图

稳定的平行线和垂直于取景框的横竖分割可以构建竖屏平衡感,除此之外还可用交叉的斜线进行构图分割。在《监狱实验》中女主角与男主角的对话使用了倾斜镜头,在男子出现时也使用了倾斜的构图,如图6-7 所示。在《孤独的美食家》中五郎离开店铺时就运用了一个较大俯角的镜头,如图 6-8 所示。屋檐、门口和地面的边缘产生了左高右低的几条斜线,而角色影子又恰巧与斜线向相交,人物的运动轨迹也与影子的方向一致正好形成了一条左低右高的斜线,这个交叉让画面产生了平衡。

图 6-7　《监狱实验》　　　　　　　　图 6-8　《孤独的美食家》

3. 分屏构图

竖屏垂直画面限制了大全景的呈现,在这种聚焦化的镜头前,竖屏动画中出现了上下结构的分屏应用,如图 6-9 所示。《一人独居的小学生》中利用分屏表达了女孩从充满期待一直等到无精打采的过程,描述时间流逝下不同的状态变化。而在《抱歉女将军》中分屏镜头则表现了同时同地不同人的反应的集合。滴滴防疫动画广告《你是不是欠"消"》采用分屏的形式表现角色的状态变化。可见上下结构更利于在竖屏中进行展示,因为它更接近桌面电影对窗口概念的应用。

《一人独居的小学生》　　　　　《抱歉女将军》　　　　　《你是不是欠"消"》

图 6-9　分屏构图

(二)移动端动画广告的表现技巧

1.制造景深

(1)建构镜头的层次感,以交代关系。《孤独的美食家》中运用了多层次的处理方式,在远景镜头中呈现食客和厨师、回转桌等设施、远处的背景,再以运动镜头交代整体环境和人物位置关系;接下来,在厨师的近景镜头中特意在前景安排了之前远景镜头中出现的杯具、冷柜等设施,并让其与厨师的头部形成遮挡关系,如图 6-10 所示,这样观众就立刻知道此厨师与其周围环境的关系。所以,多层次的构图在竖屏动画中可增加景深的效果,使构图丰富,更准确、更清晰地传达必要的信息。

图 6-10　多层次镜头

(2)用大小变化夸张空间。夸张近大远小、突出对比也可以营造丰富的空间深度,如图 6-11 所示。在《我能从这里看到的一切》的镜头中,人物角色的位置和大小几乎不变,宠物狗从地平线出现到从画面左边出镜就形成了极为明显的大小变化。《孤独的美食家》中创造了一条带有强烈透视的街道,让角色在其中从远到近进行位移,用人物和车辆的大小对比形成了强烈的纵深感。

《我能从这里看到的一切》　　　　　　《孤独的美食家》

图 6-11　用大小变化夸张空间

(3)大俯角和大仰角拍摄。《非洲的动物上班族》在车厢内部的镜头,利用了俯角拍摄展示角色周围拥挤的环境；还运用了颜色的明暗对比，以及饱和度的对比关系，引导观众的视线聚焦犀鸟的表演，如图 6-12 所示。在《礼物±》中利用了大仰角镜头营造景深，这个镜头中的鱼眼产生的变形效果加强了空间深度，如图 6-13 所示。

图 6-12　《非洲的动物上班族》　　　　　　　　图 6-13　《礼物±》

2. 对话形式的表现

（1）用戏剧创作的手法表现对话。为了让观众看到所有角色的面部表情，让处于角色对面的角色与角色的正向镜头同时面朝观众进行对话，这种正反打镜头的处理借鉴了传统戏剧的处理。在《一人独居的小学生》中做饭的女孩和食客皆面向观众，而女孩的目光并没有直接面对面看向食客，而是保持正向镜头让头部和眼部微微朝向正在交流的食客，观众通过女孩面部表情的变化感受女孩对食客光顾的心情，而这种处理方式也促使对话镜头形成了上下结构的构图方式，如图 6-14 所示。

图 6-14　上下结构的对话　　　　　　　　　图 6-15　《比舒》

（2）成像视点创建对话形式。短片《比舒》中的一组对话镜头运用了成像视点：镜子的反射。舞房中的芭蕾舞课上，作为主角的孩子出现在了镜头中，以栏杆为界，其他的同学和老师都以镜面成像出现，形成了左右结构，还利用镜面成像形成了景深；老师找孩子谈话的时候，孩子的手作为前景提示观众老师和孩子都是成像，形成了一组上下结构，解决了正反打的过程，让不适合双人镜头的竖屏视频拥有了更加灵活的处理方式，如图 6-15 所示。

3. 主观镜头的运用

移动端私密性的特性造成了竖屏视频中出现了大量的主观镜头的应用，如图 6-16 所示。《比舒》中奶奶也有这样的主观镜头，安慰的语句不光是对躲在衣柜里的小男孩，也是在对观众诉说。《未定事件簿》中玩家扮演的女主角与男主角边走边聊时的主观镜头，促使了玩家与虚拟角色的情感交流，进一步产生更加强烈的身份代入感或自我建构下的共情。滴滴防疫动画广告《你是不是欠"消"》中滴滴司机的正面特写镜头，就像是和观众面对面说话。这种镜头的优势在于，让观众的视线更加容易聚焦在角色身上，在短时间内让观众产生共情。

《比舒》

《未定事件簿》

《你是不是欠"消"》

图 6-16　主观镜头的运用

第二节
移动端动画广告设计实例

一、案例分析

本例《你是不是欠"消"》是为"滴滴"设计的防疫动画广告，主要在手机上推广，创意点是以后排座椅为第一人称讲述被滴滴车主消杀的过程。主角是汽车后排座椅和滴滴车主，造型简洁夸张，是一种卡通平面化风格，节奏轻快，情节幽默，使观众在轻松的氛围中观看广告，以达到快速在用户中推广的目的。制作思路是首先制作角色,将角色造型和有重复动作的角色动画制作成元件,然后将背景也制作成元件,还要将图片素材、声音素材也保存在"库"中,再按之前的剧本制作动画。

本例动画广告的制作分为四个阶段。第一阶段在企业提供的脚本的基础上细化剧本,确定风格,并进行镜头设计。第二阶段导入并整理各类素材,在元件中绘制角色、背景造型。第三阶段分镜头进行动画制作。第四阶段添加字幕,合成并输出。基本步骤和动画短片设计相同,作品展示如图 6-17 所示。

图 6-17 动画广告《你是不是欠"消"》

二、操作步骤

(一)镜头设计

初步设计广告有七个主要镜头,如图 6-18 所示。镜头一:后排座椅出场。镜头二:新冠肺炎新闻。镜头三:车主惊恐。镜头四:汽车隔离。镜头五:为后排座椅喷消毒液。镜头六:清理后排座椅。镜头七:后排座椅很享受。

图 6-18　《你是不是欠"消"》主要镜头设计

(二)造型设计

造型设计包含角色和背景设计,造型设计要融合身体、五官、发型,以及角色穿着、所处的环境等元素。本例广告有两个角色——滴滴车主和后排座椅,滴滴车主是一个上班族形象,而拟人化的后排座椅是可爱活泼、表情夸张、易激动的形象,角色形象符合角色的身份。广告的背景是典型的平面式造型,概括简洁又抽象化。角色、背景的静态或简单动态造型必须先制作成元件。

1.车主造型设计

(1)新建文档,一般常用竖屏尺寸有两种——宽 672 像素、高 1080 像素或宽 1080 像素、高 1920 像素,依据要求来设置文档具体尺寸。

(2)滴滴车主是广告的主要角色,主要是特写造型,突出表情变化和手的造型变化。绘制三个戴口罩的特写造型(见图 6-19),两个有表情变化的特写造型(见图 6-20),两个手拿消毒液喷壶的造型、一个壶嘴的特写造型(见图 6-21),还有两个拿手机的造型和一个腿部造型(见图 6-22)。每一个造型都是图形元件,保存在"库"中,如图 6-23 所示。

图 6-19　车主戴口罩

图 6-20　车主表情

图 6-21　拿喷壶

图 6-22　拿手机造型和腿部造型

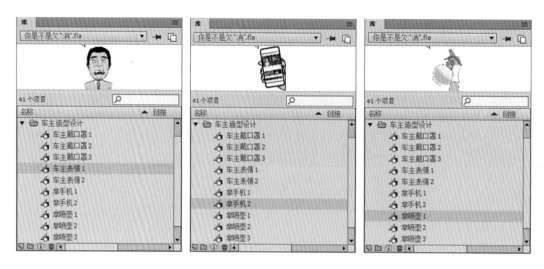

图 6-23　"库"中车主造型的图形元件

2. 后排座椅造型设计

（1）后排座椅造型分为两种：静态造型和动态造型。静态造型有座椅基本造型、座椅手臂，还有五个表情设计，开心的、可爱的、生气的、害怕的等，如图 6-24 所示。也是将基本造型制作成元件，将不同的表情制作成若干元件。

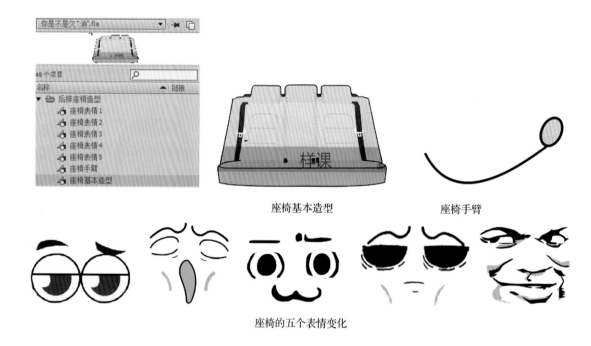

座椅基本造型　　　　　　座椅手臂

座椅的五个表情变化

图 6-24　后排座椅静态造型

（2）动态造型是指后排座椅出现的重复动作。新建"座椅说话"元件，创建嘴形的五个关键帧变化，第 1 帧、第 2 帧、第 4 帧、第 7 帧、第 10 帧，如图 6-25 所示。

（3）新建"座椅动态造型 1"图形元件，从"库"中将相应的元件拖拽至舞台，并绘制底台图形，在第 4 帧将两个手臂进行缩短调整，将表情缩小，并创建补间，如图 6-26 所示。

（4）新建"座椅动态造型 2"图形元件，从"库"中将相应的元件拖拽至舞台，如图 6-27 所示。新建"座椅动

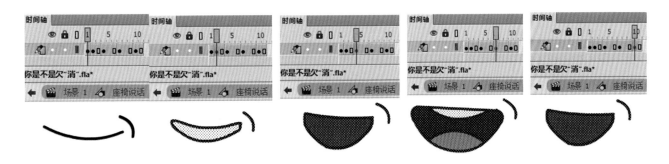

图 6-25　"座椅说话"元件

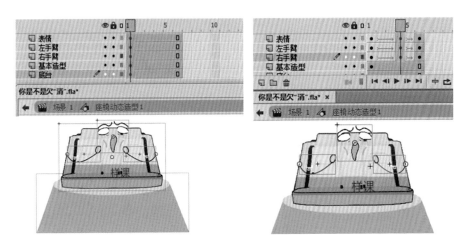

图 6-26　"座椅动态造型 1"图形元件

态造型 3"图形元件,从"库"中将相应的元件拖拽至舞台,在第 4 帧将两个手臂进行缩短调整,并创建补间,如图 6-28 所示。新建"座椅动态造型 4"图形元件,从"库"中将相应的元件拖拽至舞台,如图 6-29 所示。

图 6-27　座椅动态造型 2

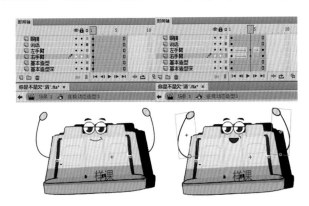

图 6-28　座椅动态造型 3

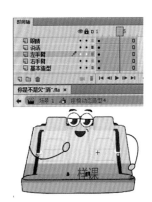

图 6-29　座椅动态造型 4

(5)新建"座椅动态造型 5"图形元件,从"库"中将相应的元件拖拽至舞台。将第 4 帧表情放大,并创建补间。新建"遮罩"层,绘制四边形,创建遮罩,如图 6-30 所示。

(6)用同样的方法制作"座椅动态造型 6""座椅动态造型 7"元件,如图 6-31 所示。新建"座椅动态造型 8"图形元件,从"库"中将相应的元件拖拽至舞台,绘制"汽车前"层、"汽车后"层的造型,制作"光束"层的动画效果,如图 6-32 所示。

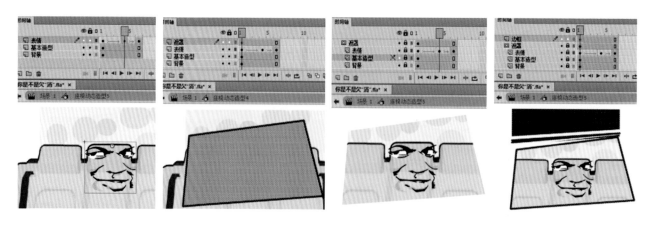

图 6-30　座椅动态造型 5

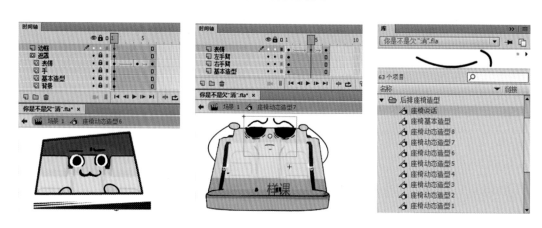

图 6-31　制作座椅动态造型 6、座椅动态造型 7

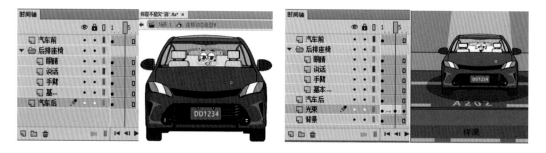

图 6-32　制作座椅动态造型 8

3. 背景设计

广告中的背景设计需要遵循一个原则：如果前景动态较丰富，那背景就适合静态；如果前景简单，就适当搭配动态背景。背景都需要制作在元件中。本例静态背景有三个，如图 6-33 所示；动态背景有两个，如图 6-34 所示。背景中还融合了许多动态特效元素，如图 6-35 所示。至此，所有的元件素材都已经完成。

（三）动画制作

动画制作要依据之前的脚本来展现每一个镜头。

（1）首先来制作片头。单击 场景 1 ，回到"场景 1"，导入名为"配音"的声音文件，新建图层"背景""车主"

"座椅",从"库"中将相应的元件分层拖拽至舞台,新建图层"白底",绘制白色图形,并将其转换为图形元件,如图 6-36 所示。

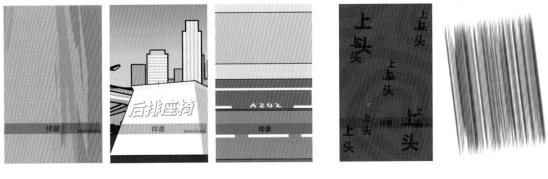

图 6-33　静态背景　　　　　　　　　　　　　图 6-34　动态背景

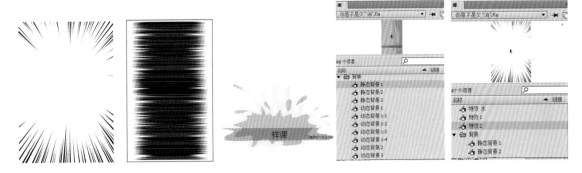

图 6-35　特效元素

（2）在"白底""车主""座椅"图层的第 8 帧插入关键帧,并调整位置和尺寸,接着在第 10 帧、第 12 帧插入关键帧,同时将第 10 帧内的座椅、白底元件向左微移,将第 10 帧内的车主元件向右微移,并创建传统补间,如图 6-37 所示。

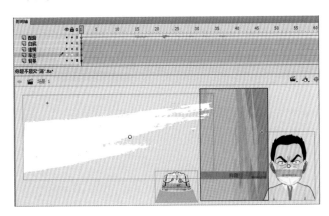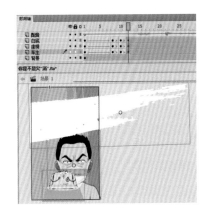

图 6-36　导入相应素材　　　　　　　　　　　图 6-37　制作动画

（3）新建"喷壶"图层,在第 11 帧插入空白关键帧,将"库"中的喷壶元件拖拽至舞台,如图 6-38 所示。在第 15 帧插入关键帧,并调整位置,接着在第 17 帧、第 19 帧插入关键帧,将第 17 帧内的元件向左微移,并创建传统补间,如图 6-39 所示。

（4）新建"片名"图层,在第 19 帧插入空白关键帧,输入并编辑文本"你是不是欠'消'",并将其转换为图形元件,如图 6-40 所示。在第 25 帧插入关键帧,并调整位置,接着在第 27 帧、第 29 帧插入关键帧,同时将第 27 帧内的元件向左微移，并创建传统补间，如图 6-41 所示。

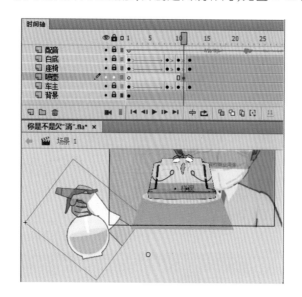

图 6-38　创建图层"喷壶"

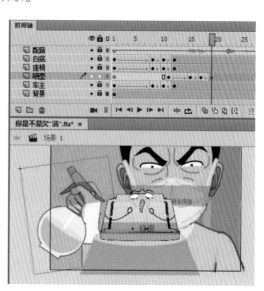

图 6-39　制作喷壶动画

图 6-40　创建图层"片名"

图 6-41　制作片名动画

（5）片头制作完成，用同样的方法制作完成后面的镜头，源文件见本书所附课程资源。

知识链接

按钮的创建

按钮元件是 Animate 的基本元件之一，它具有多种状态，并且会响应鼠标事件，执行指定的动作，是实现动画交互效果的关键对象。按钮有特殊的编辑环境，通过在时间轴四个不同状态的帧（见图 6-42）上创建关键帧，可以指定不同的按钮状态。

"弹起"帧：表示鼠标指针不在按钮上时的状态。

"指针经过"帧：表示鼠标指针在按钮上时的状态。

"按下"帧：表示鼠标单击按钮时的状态。

图 6-42　按钮的四帧编辑环境

"点击"帧:定义对鼠标做出反应的区域,这个反应区域在影片播放时是看不到的。

"点击"帧比较特殊,这个关键帧中的图形将决定按钮有效范围。它不应该与前 3 个帧的内容一样,但这个图形应该大到足够包容前 3 个帧的内容。

根据实际需要,还可以把按钮做成如图 6-43 所示的结构。

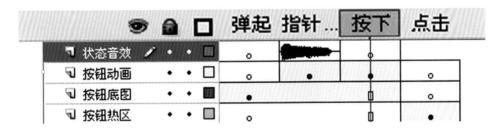

图 6-43　按钮的帧内容可以随意扩充

从图 6-43 中可以看到,按钮的 3 个状态关键帧中,可以放置除按钮本身以外的任何 Animate 对象,其中:"状态音效"图层设置了一种音效;"按钮动画"图层使鼠标不同操作出现不同动画效果;而"按钮底图"中可放置不同的图片。

另外,按钮还可以设置实例名,从而使按钮成为能被 ActionScript 控制的对象。在丰富多彩的网络交互动画中,按钮起着举足轻重的作用,下面制作一个精美的按钮。

(1)新建文档,执行"插入"→"新建元件"命令,在"名称"中输入"圆形按钮",进入按钮元件的编辑场景,如图 6-44 所示。

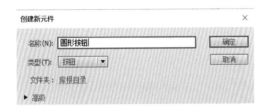

图 6-44　新建按钮元件

(2)将"图层 1"重新命名为"圆形",选择这个图层的第 1 帧("弹起"帧),利用"椭圆工具" ⬭ 绘制出如图 6-45 所示的按钮形状。选择"指针经过"帧,按"F6"键插入一个关键帧,并把该帧上的图形重新填充为橄榄绿色,如图 6-46 所示。

(3)"按下"帧的图形和"弹起"帧的图形相同,因此利用复制帧的方法即可得到。先用鼠标右键单击"弹起"帧,在弹出的菜单中选择"复制帧"命令,然后用鼠标右键单击"按下"帧,在弹出的菜单中选择"粘贴帧"命令即可。

(4)选择"点击"帧,按"F7"键插入一个空白关键帧,这里要定义鼠标的响应区域。用"矩形工具" ▣ 绘制一个矩形，如图 6-47 所示。

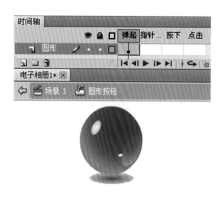

图 6-45　"弹起"的图形

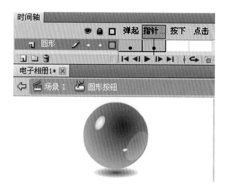

图 6-46　"指针经过"的图形

图 6-47　"点击"帧上的图形

（5）为了使按钮更实用更具动感，下面在圆形按钮图形上再增加一些文字特效。在"圆形"图层上新建一个图层，并重新命名为"文字 1"。在这个图层的第 1 帧，用"文本工具" T 输入文字"play"，字体颜色用黑色，如图 6-48 所示。

（6）新建名为"文字 2"的图层，将"文字 1"图层上的文字复制到"文字 2"图层的第 1 帧上。方法是选择"文字 1"图层上的文字，执行"编辑"→"复制"命令，然后单击选择"文字 2"图层的第 1 帧，执行"编辑"→"粘贴到当前位置"命令即可。除了"文字 2"图层，锁定其他图层，然后选择这个图层上的文字对象，按向上方向键和向左方向键各两次，然后将文字的颜色更改为绿色。这样就形成了一个立体效果的文字，如图 6-49所示。

图 6-48　创建"文字 1"图层

图 6-49　"弹起"帧的效果

（7）选择"文字 2"图层的第 2 帧，按"F6"键插入一个关键帧，将这个关键帧上的文字颜色改为蓝色，如图

6-50 所示。

(8)至此,这个按钮元件就制作好了,返回 🎬 场景1,从"库"面板中将"圆形按钮"元件拖放到舞台上,然后按下"Ctrl+Enter"组合键测试动画,效果如图 6-51 所示。

图 6-50　"指针经过"帧的效果

图 6-51　按钮效果

<h2 style="text-align:center">实 训 八</h2>
○　○　○

实训名称:移动端竖屏动画广告设计。

实训目的:了解移动端动画广告的制作流程和设计要领,掌握移动端动画广告的制作技巧与方法,学会独立完成移动端动画广告设计。

实训内容:自主命题,结合本章所讲解的内容进行移动端竖屏动画广告设计练习。

实训要求:至少一个角色(人物、动物或拟人化的造型),不少于5个镜头,音画结合,作品完整。

实训步骤:设计造型;制作镜头素材;创建动画;制作字幕;添加声音。

实训向导:重点运用竖屏的构图形式和镜头表现技巧,强化造型元素入画、出画的方式与动态效果,突出动画的流畅性。

参考文献
References

［1］李奇旺.竖屏时代 MG 动画广告设计探索［J］.新媒体研究,2020(2):59-61.

［2］王言如丝.参与式文化影响下移动端竖屏二维动画的创作策略探究［D］.中央美术学院,2021.

［3］史晓燕,单春晓.网络广告设计与制作［M］.武汉:华中科技大学出版社,2015.

［4］刘璞,王娟,胡瑞年. Flash 网络设计与制作［M］.武汉:华中科技大学出版社,2014.